省级重点专业建设成果
高等职业教育农学园艺类“十三五”规划教材

花卉生产与鉴赏

马济民　编著

西南交通大学出版社
·成　都·

图书在版编目（CIP）数据

花卉生产与鉴赏 / 马济民编著. —成都：西南交通大学出版社，2016.11
高等职业教育农学园艺类“十三五”规划教材
ISBN 978-7-5643-5126-7

Ⅰ. ①花… Ⅱ. ①马… Ⅲ. ①花卉－观赏园艺-高等职业教育－教材 Ⅳ. ①S68

中国版本图书馆 CIP 数据核字（2016）第 276704 号

高等职业教育农学园艺类“十三五”规划教材

花卉生产与鉴赏

马济民　编著

责任编辑	姜锡伟
特邀编辑	王雅琴
封面设计	墨创文化
出版发行	西南交通大学出版社 （四川省成都市二环路北一段 111 号 西南交通大学创新大厦 21 楼）
发行部电话	028-87600564　028-87600533
邮政编码	610031
网　　址	http://www.xnjdcbs.com
印　　刷	成都中铁二局永经堂印务有限责任公司
成品尺寸	185 mm × 260 mm
印　　张	15
字　　数	373 千
版　　次	2016 年 11 月第 1 版
印　　次	2016 年 11 月第 1 次
书　　号	ISBN 978-7-5643-5126-7
定　　价	36.00 元

课件咨询电话：028-87600533
图书如有印装质量问题　本社负责退换

前 言

我国是“世界园林之母”，花卉栽培和鉴赏的历史悠久，自古至今，留下了丰富的花卉生产经验和花卉文化。进入21世纪，随着我国经济社会发展，人民生活水平的不断提高，尤其是我国提出“两个一百年目标”之后，我国花卉产业的发展更加迅速。本书为更好地满足人们对花卉生产、花卉鉴赏及全国高等职业院校教学的需要而编著。

“花卉生产与鉴赏”是全国高等职业院校农学园艺类专业的专业核心课程，本书为高等职业教育农学园艺类“十三五”规划教材，同时，作为省级重点专业建设项目教材。

本书按照培养目标的要求，以国家职业标准为依据，以培养学生职业能力为导向，始终坚持三个特色：第一，符合高职院校学生的学习特点；第二，坚持“知识实用、够用”原则，加强学生实践操作能力的培养；第三，注重吸收花卉实际生产经验，力争使花卉生产过程、岗位能力要求与教材内容统一。

本书由马济民编著、统稿。本书分为两大部分共计13个项目。生产部分包括：项目一 花卉分类；项目二 播种育苗；项目三 扦插育苗；项目四 嫁接育苗；项目五 盆栽花卉生产；项目六 切花生产等6个项目。鉴赏部分包括：项目七 水培花卉生产与鉴赏；项目八 中国十大名花生产与鉴赏；项目九 世界名花生产与鉴赏；项目十 中国城市市花生产与鉴赏；项目十一 世界国花生产与鉴赏；项目十二 花卉装饰与鉴赏；项目十三 花卉识别与鉴赏等7个项目。

在本书编写过程中，编著者引用的文献资料可能未完整列出，在此，向已列出和未列出的文献资料作者深表感谢！

由于编者水平有限，本书难免出现疏漏，敬请专家、同行等批评指正。

编著者

2016年3月

目 录

项目一　花卉分类

【知识目标】

☆了解花卉的含义和研究对象。

☆掌握花卉按照生物学特性、花卉原产地气候型、生活型和生态习性进行分类的这四种方法，并熟悉各分类方法的代表种类。

☆了解其他的分类方法。

【技能目标】

★能正确识别 60 种常见花卉。

【知识储备】

1　花卉的含义和研究对象

1.1　花卉的含义

花卉的含义有狭义和广义之分。狭义花卉指具有观赏价值的草本植物，如鸡冠花、凤仙花、一串红、百日草、万寿菊等。广义花卉指具有观赏价值的草本植物、花、灌木、乔木等，如牡丹、山茶、银杏、水杉等。

1.2　研究对象

实际生产中，对于花卉，我们主要研究以下五个内容：① 花卉分类；② 习性；③ 生产育苗（繁殖）；④ 生产栽培管理；⑤ 园林装饰应用。

2　花卉分类

花卉按照不同的分类依据进行分类。实际生产中，主要有以下分类。

2.1　依生物学特性分类

2.1.1　草本花卉

（1）一、二年生花卉。

① 一年生草花：在一个生长季内完成其生活史的花卉植物，又叫春播花卉，常见的有翠

菊、鸡冠花、凤仙花、一串红、百日草、万寿菊、麦秆菊、波斯菊、牵牛花、茑萝、银边菊、千日红和半枝莲等。

② 二年生草花：在两个生长季内完成生活史的花卉植物。播种当年只进行营养生长，越冬后开花结果死亡，又叫秋播花卉，如金鱼草、美女樱、金盏菊、雏菊、三色堇、紫罗兰、石竹、矢车菊、月见草和虞美人等。

（2）宿根草花：地下茎和地下根正常生长的多年生草本植物，如萱草、蜀葵、锦葵、景天类、菊花、天人菊、射干、玉簪、桔梗、松果菊、金鸡菊和荷兰菊等。

（3）球根花卉：地下茎或地下根发生变态，成球状或块状的多年生草本植物。常见春植球根花卉有唐菖蒲、晚香玉、美人蕉、大丽花和葱兰等；常见秋植球根花卉有郁金香、风信子、百合等。

（4）兰科花卉：主要包括中国兰花、热带兰花和腐生兰，如春兰、蝴蝶兰、文心兰、石斛兰等。

（5）水生花卉：生长在水中或沼泽地的一类花卉，如荷花、睡莲、王莲、菖蒲、香蒲、芦苇等。

（6）蕨类植物：叶丛生状，叶片形状各异，不开花结果，不能种子繁殖，依靠孢子进行繁殖的花卉，如肾蕨、鸟巢蕨、鹿角蕨等。

2.1.2 木本花卉

木本花卉可分为落叶木本花卉和常绿木本花卉两类。

（1）落叶木本花卉：大多数原产于暖温带、温带和亚寒带地区，一般在休眠期落叶。

① 乔木类：地上部有主干，主干和侧枝有明显的区别，侧枝从主干上发出，植株高大，一般不适于盆栽，如银杏、梅花、水杉等。

② 灌木类：地上部无主干和侧主枝，主干和侧枝无明显区别，呈丛生状态，植株低矮、树冠较小，多盆栽，如牡丹、月季、紫玉兰等。

③ 藤本类：茎蔓枝条生长细弱，以缠绕茎、吸盘等攀缘其他植物或建筑物呈藤蔓状生长的花卉，如紫藤、凌霄、金银花等。

（2）常绿木本花卉：此类多原产于热带和亚热带地区，少部分原产暖温带地区，绝大多数呈常绿，极少数半常绿。常分为乔木类（如桂花、广玉兰等）、灌木类（如栀子花、夹竹桃等）和藤本类（如常春藤、常春油麻藤等）。

2.1.3 多肉、多浆植物

多肉、多浆植物指茎或叶变态，茎肥厚多汁，贮存水分多，或叶针刺状，或具蜡质能减少水分蒸发的一类植物，主要有仙人掌科、景天科、龙舌兰科、大戟科等。常见植物有仙人掌、金琥、昙花、虎刺梅、虎皮兰等。

2.1.4 草坪植物

此类以适应性，生长旺盛，丛生的多年生草本植物为主，主要用于建植草坪，如狗牙根、结缕草、马蹄金等。

2.1.5　地被植物

此类植物植株矮小、呈匍匐状生长的灌木和草本花卉，主要用于花坛等，如地被菊、铺地柏等。

2.2　依观赏部位分类

2.2.1　观花花卉

观花花卉指植株开花繁多，花色鲜艳，花型奇特，花的观赏价值高，通常以观花为主的花卉，如牡丹、山茶、月季、杜鹃、大丽花、郁金香、白玉兰、金鱼草、三色堇、虞美人等。

2.2.2　观叶植物

观叶植物指植株叶形奇特，叶色青翠或艳丽，叶的观赏价值高，通常以观叶为主的植物，如龟背竹、变叶木、红叶李、橡皮树、鸡爪槭、朱蕉等。

2.2.3　观茎花卉

观茎花卉指植株的茎独特，茎肥厚或节间极短，或颜色奇特，茎的观赏价值高，通常以观茎为主的花卉，如仙人掌、佛肚竹、紫竹、富贵竹等。

2.2.4　观果花卉

观果花卉指植株的果实形状奇特，色泽艳丽，挂果期长，果实的观赏价值高，通常以观果为主的花卉，如金橘、石榴、乳茄、佛手、五彩椒、火棘、南天竹等。

2.2.5　观根花卉

观根花卉指植株根的形状奇特，或主根肥厚，或须根细长，或气生根悬垂，根的观赏价值高，通常以观根为主的花卉，如小叶榕、龟背竹、根榕盆景等。

2.2.6　观芽花卉

观芽花卉指植株的嫩芽大，色彩鲜艳，具有较高观赏价值，如银芽柳、橡皮树等。

2.3　依自然花期分类

（1）春季花卉。

（2）夏季花卉。

（3）秋季花卉。

（4）冬季花卉。

（5）热带亚热带花卉。

2.4　依园林用途分类

（1）花坛花卉。

（2）盆栽花卉。

（3）室内花卉。
（4）切花花卉。
（5）观叶花卉。
（6）荫棚花卉。

【项目实施】

任务 常见花卉种类识别

1. 要求 能掌握常见花卉的形态特征，正确识别 100 种常见露地花卉。
2. 地点 校园花圃、花房，药用植物园、植物园或花卉生产基地等。
3. 材料与用具：记录本、卷尺、直尺、铅笔、放大镜等。
4. 操作过程：首先目测观察植物株高、根茎叶、花果等形态特征，然后对照《花卉识别手册》相关专业术语描述进行观察、辨别、确认，必要时可用直尺等准确测量相关数据，最后记录。
5. 填写记录表 1-1。

表 1-1 花卉记载表

序号	名称	科属	形态特征					习性	繁殖方法	鉴赏
			株高	茎	叶	花	果			
1										
2										
3										
4										
5										
6										

【职业技能考核】

序号	考核内容	具体项目、要求	配分	评分主要指标
1	花卉种类识别	100 种常见花卉识别	100	花卉种名、科属等
合 计			100	

项目二 播种育苗

【知识目标】

☆了解播种繁殖对商品花卉生产的意义。

☆掌握播种育苗技术过程。

【技能目标】

★能正确识别30种常见花卉种子。

★能掌握常见花卉种子采收与贮藏方法。

★能正确播种育苗。

【知识储备】

播种育苗亦称种子育苗，是指用种子繁衍后代或用播种的形式育苗培育幼苗的方法。播种育苗而成的幼苗称为播种苗或实生苗。

播种育苗的优点：种子细小质轻，采收、贮存、运输、播种均较简便；繁殖系数大，成苗快，育苗数量大，生产成本低；播种苗根系完整，生长健壮，寿命长。缺点：播种苗变异性大，往往不能保持品种原有的优良性状；部分木本花卉采用种子育苗后，开花较迟。

理论上，凡是采收到种子的花卉均可进行播种育苗；实际生产中，主要应用在发芽率高、成苗快、经济效益好的花卉，如一、二年生草花。

1 花卉种子寿命及贮藏

花卉种子在一定贮藏条件下都有保存年限。一般而言，草花种子的寿命较短，木本花卉种子寿命较长。大多数草花种子的寿命为1～2年。根据花卉种子的贮藏特性采用适宜的贮藏方法。一般而言，大多数花卉种子采用常温干藏，少部分种子采用冰箱低温贮藏（图2-1）。

图 2-1 低温贮藏

2 播种前的准备

2.1 选种（图 2-2）

在播种前，要确定种子的品种是否纯正，记录名称必须与实物一致。然后选取种粒饱满，色泽新鲜，纯正且无病害的种子准备播种。

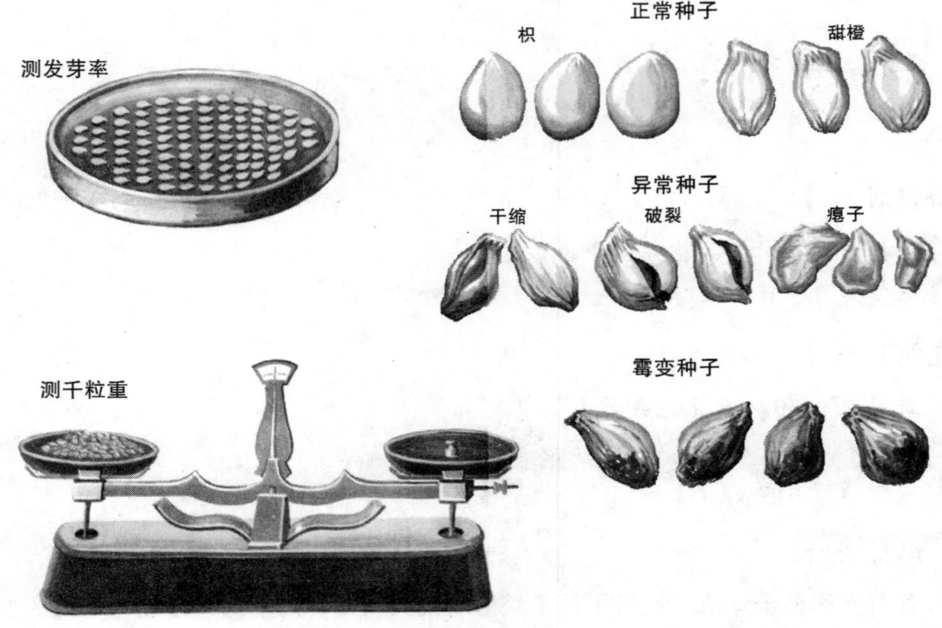

图 2-2　选种

2.2　种子处理

2.2.1　浸　种

对于容易发芽的种子，播种前用 30 °C 温水浸泡，一般浸泡 2 ~ 24 h 可直接播种，如一串红、翠菊、半枝莲、金莲花、紫荆、珍珠梅、锦带花等。

2.2.2　催　芽

对于发芽迟缓的种子，播种前需浸种催芽，用 30 ~ 40 °C 的温水浸泡，待种子吸水膨胀后去掉多余的水，用湿纱布包裹放入 25 °C 的自然环境或恒温箱中催芽。自然环境中进行催芽需每天用水冲洗 1 次，待种子“露白”后可播种，如文竹、仙客来、君子兰、天门冬、冬珊瑚等。

2.2.3　剥　壳

对果壳坚硬不易发芽的种子，需将其剥除后再播种，如夹竹桃等。

2.2.4　挫伤种皮

美人蕉、荷花等种子种皮坚硬不易透水、透气，很难发芽，可在播种前在近种脐处将种皮挫伤，再用温水浸泡，种子吸水膨胀，可促进发芽。

2.2.5　药剂处理

用硫酸等药物浸泡种子，可软化种皮，改善种皮的透性，再用清水洗净后播种。处理的时间视种皮质地而定，勿使药液透过种皮伤及胚芽。

2.2.6　低温层积处理

对于要求低温和湿润条件下完成休眠的种子，如牡丹、鸢尾、蔷薇等常用冷藏或秋季进行湿砂层积法处理（图 2-3）。第 2 年早春播种，发芽整齐迅速。

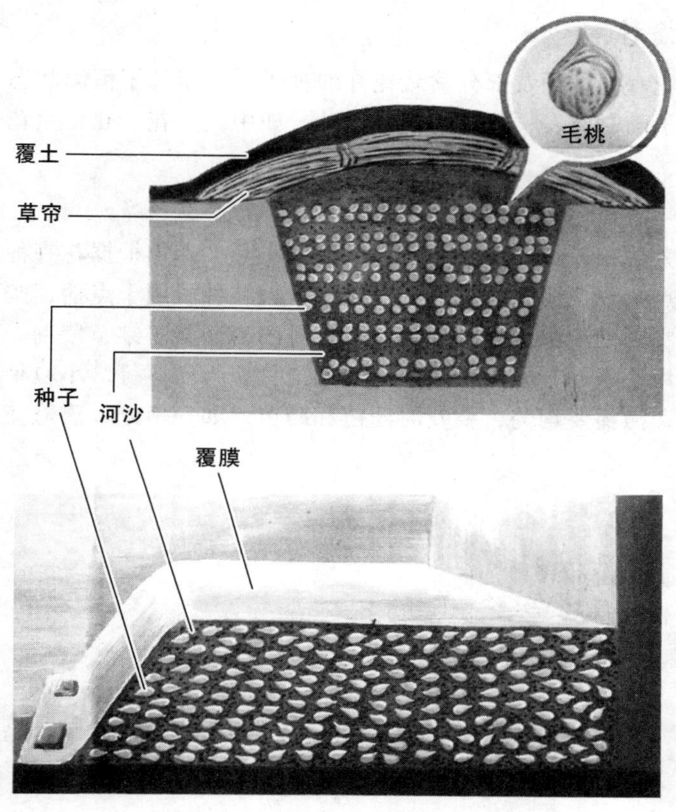

图 2-3　种子层积处理

3　播种时间、方法

3.1　播种时期

3.1.1　春　播

露地草花、宿根花卉、木本花卉适宜春播。南方地区约在 2 月下旬至 3 月上旬，华中地区约在 3 月中旬，北方地区约在 4 月或 5 月上旬。如北京地区五一国际劳动节花坛用花，可提前于 2～3 月在温室、温床或冷床（阳畦）中繁殖。

3.1.2　秋　播

露地二年生草花和部分木本花卉适宜秋播。南方地区约在 9 月下旬至 10 月上旬，华中地区约在 9 月份，北方地区约在 8 月中旬，冬季需在温床或冷床越冬。

3.1.3 随采随播

有些花卉种子含水分多，生命力短，不耐贮藏，失水分后容易丧失发芽力，应随采随播，如君子兰、四季海棠、杨树、柳树、桑树等。

3.1.4 周年播种

热带和亚热带花卉的种子及部分盆栽花卉的种子，常年处于恒温状态，种子随时成熟。如果温度合适，种子随时萌发，可进行周年播种，如中国兰花、热带兰花等。

3.2 播种方法

花卉种子播种方法一般有点播、条播和撒播。实际生产中根据花卉种类、耐移栽程度、生产用途等可选择点播、条播或撒播。一般而言，大粒种子用于点播，按一定的株行距单粒点播或多粒点播，主要便于移栽，如紫茉莉、牡丹、芍药、海棠、紫荆、丁香、金莲花、君子兰等。中粒种子用于条播，便于通风透光，如文竹、天门冬等。小粒种子用于撒播，占地面积小，出苗量大，撒播要均匀，要及时间苗和蹲苗，如一串红、鸡冠花、翠菊、三色堇、虞美人、石竹等。

4 露地苗床直播

4.1 苗床整理

选择通风向阳、土壤肥沃排水良好的圃地，施入基肥，整地作畦，调节好苗床墒情，准备播种。

4.2 播 种

根据种子大小，将待播种子采用适当方法进行播种。

4.3 播种深度及覆土

播种的深度也是覆土的厚度。一般覆土深度为种子直径的 2～4 倍，大粒种子宜厚，小粒种子宜薄。播种后，使种子与土壤紧密结合，便于吸收水分而发芽，将苗床面压实，用喷洒的形式浇水，保持土壤墒情。

4.4 播种后的管理

播种后管理需注意的几个问题：

（1）保持苗床的湿润，初期给水要偏多，以保证种子吸水膨胀的需要，芽后适当减少，以土壤湿润为宜，不能使苗床有过干过湿现象。

（2）播种后，如果温度过高或光照过强，要适当遮阳，避免地面出现“封皮”现象，影响种子出土。

（3）播种后期根据发芽情况，适当拆除遮阳物，逐步见阳光。

（4）当真叶出土后，根据苗的稀密程度及时间苗，去掉纤细弱苗，留下壮苗，充分见阳光“蹲苗”。

（5）间苗后需立即浇水，以免留苗因根系松动而死亡。

5　盆　播

5.1　苗盆准备

盆播一般采用盆口较大的浅盆或浅木箱，浅盆深 10 cm，直径 30 cm，底部有 5 ~ 6 个排水孔，播种前要洗刷消毒后待用。

5.2　盆土准备

先在苗盆底部的排水孔上盖一瓦片，下部铺 2 cm 厚粗粒河砂和细粒石子，以利于排水，上层装入过筛消毒的播种培养土，颠实、刮平即可播种。

5.3　播　种

小粒、微粒种子掺土后撒播（如四季海棠、蒲包花、瓜叶菊、报春花等），大粒种子点播。播后用细筛视种子大小覆土，用木板轻轻压实。微粒种子覆土要薄，以不见种子为度。

5.4　盆底浸水法

盆播给水采用盆底浸水法或细喷壶浇水。将播种盆浸到水槽里，下面垫 1 个倒置空盆，以通过苗盆的排水孔向上渗透水分，至盆面湿润后取出。浸盆后用玻璃和报纸覆盖盆口，防止水分蒸发和阳光照射。夜间将玻璃掀去，使之通风透气，白天再盖好。细喷壶浇水首先要在盆土表面覆盖报纸、稻草等，然后再小心喷洒。

5.5　播后管理

盆播种子出苗后立即掀去覆盖物，拿到通风处，逐步见光。可保持用盆底浸水法给水，当长出 1 ~ 2 片真叶时用细眼喷壶浇水，当长出 3 片真叶时可分苗。

【项目实施】

任务 1　常见花卉种子识别

1. 要求：能掌握花卉种子的外部形态特征，正确识别常见花卉种子，鉴定种子外观品质。

2. 材料与用具：花卉种子、放大镜、直尺、铅笔、记录本、镊子、种子瓶、盛物盘、白纸板等。

3. 操作过程：将待识别种子放在白纸板上，通过目测判断种子大小，根据种子大小选择工具。大粒种子先通过目测观察种子外部形态特征，然后用直尺测量种子直径，记录种子外部形态特征；小粒种子先用放大镜观察种子外部形态特征，然后用游标卡尺测量种子直径，记录种子外部形态特征。

4. 填写记录表 2-1。

表 2-1　花卉种子外部形态特征记录表

序号	种子名称	形态特征				种子寿命（年）	保质期（年）	播种期（月）	开花期（月）
		形状	种子直径（mm）	色泽	附属物				
1									
2									
3									
4									
5									
6									

任务 2　紫茉莉播种育苗

1. 生产计划制订：根据客户购买数量、交货时间、花卉质量等级（生产中一般由买卖双方商定）、交易价格（购买合同或口头协议）等客户要求，结合自身实际情况，制订生产计划。

2. 播种方式、方法：露地直播、点播。

3. 工具与材料准备：紫茉莉种子、苗床地、浇水壶、铁锹、钉耙等。

4. 操作过程：从备播紫茉莉种子中取样，于播种前 3 ~ 5 d 进行种子生活力、发芽率等相关检测，待确定种子各项指标都符合播种标准后备用。用相应工具将苗床地整好，将紫茉莉种子按一定的株行距单粒点播，播后浇透水。待出苗后进行常规管理。根据客户要求，若有盆栽苗，可择机移栽上盆。

5. 注意事项：根据生产经验，播种数量可适当比客户购买数量多 5% ~ 15%。备播种子指标检测可根据实际进行，若种子进货渠道正当、花卉种子是常见种类、习性熟悉的，生产中一般不进行检测。

任务 3　虞美人播种育苗

1. 生产计划制订：根据客户购买数量、交货时间、花卉质量等级（生产中一般由买卖双

方商定)、交易价格(购买合同或口头协议)等客户要求，结合自身实际情况，制订生产计划。

2. 播种方式、方法：穴盘播种、点播。

3. 工具与材料准备：　虞美人种子、穴盘、播种基质、喷水壶、铁锹、钉耙、牙签等。

4. 操作过程：

(1)种子取样、检测。从备播虞美人种子中取样，播种前 3 ~ 5 d 进行种子生活力、发芽率等相关检测，待确定种子各项指标都符合播种标准后备用。

(2)准备。将播种基质调配、混合、消毒后备用。

(3)播种。将处理好的播种基质装入穴盘，用喷水壶将播种基质浇透水，然后用牙签等将虞美人种子播入穴盘，每穴播 1 粒种子。待出苗后进行常规管理。根据客户要求，可择机移栽上盆。

5. 注意事项：根据生产经验，播种数量可适当比客户购买数量多 5% ~ 15%。备播种子指标检测可根据实际进行，若种子进货渠道正当、花卉种子是常见种类、习性熟悉的，生产中一般不进行检测。

【职业技能考核】

序号	考核内容	具体项目、要求	配分	评分主要指标
1	花卉种子识别	万寿菊等花卉种子识别	40	正确率
2	花卉播种技术	虞美人穴盘播种	40	播种方法、出芽率、成活率等
3	播后管理	温度、光照、水分等管理	20	幼苗质量
合　计			100	

项目三　扦插育苗

【知识目标】

☆了解扦插繁殖对商品花卉生产的意义。
☆掌握扦插育苗方法。
☆灵活选用扦插育苗。

【技能目标】

★掌握常见花卉插条（穗）促进生根技术。
★掌握常用扦插基质配制。
★掌握常见花卉扦插育苗技术。
★掌握插条（穗）插后管理技术。

【知识储备】

扦插繁殖是指切取植物根、茎、叶的一部分，插入不同基质中，使其生根、萌芽、抽枝，培育新植株的繁殖方法。扦插育苗指以扦插繁殖技术为基础，结合生产实际繁殖、培育的花卉幼苗。扦插育苗是花卉生产栽培中常用的一种方法。其特点是：保持品种的优良性状，使个体提早开花，育苗方法简单，容易掌握，生产成本低。

1　扦插成活的机理、过程

扦插成活的机理主要是植物营养器官的再生能力。扦插成活过程：植物营养器官（根、茎、叶等）脱离母株⟹具备再生能力⟹分化不定芽、不定根⟹新植株。

2　扦插生根的环境条件

2.1　温　度

不同种类的花卉，要求不同的扦插温度。大多数花卉种类适宜扦插生根的温度为 15 ~ 20 °C，嫩枝扦插的温度宜在 20 ~ 25 °C，热带花卉植物可达 25 ~ 30 °C。当插床基质内的温度（地温）高于气温 3 ~ 5 °C 时，可促进插条先生根后发芽，成活率高。

2.2　湿　度

插穗在生根以前，保持插穗体内的水分平衡，插床环境要保持较高的空气湿度。一般插床基质含水量控制在 50% ~ 60%，插床保持空气相对湿度为 80% ~ 90%。

2.3　光　照

绿枝扦插带叶片，便于在阳光下进行光合作用，促进碳水化合物的合成，提高生根率。由于叶片表面积大，阳光充足温度升高，导致插条萎谢，在扦插初期要适当遮阳，当根系大量生出后，陆续给予光照。

2.4　空　气

插条在生根过程中需进行呼吸作用，尤其是当插穗愈伤组织形成后，新根发生时呼吸作用增强，降低插床中的含水量，保持湿润状态，适当通风提高氧气的供应量。

2.5　生根激素

花卉繁殖中常用的生根激素促进剂，可有效促进插穗早生根、多生根。常见的种类有萘乙酸（NAA）、吲哚乙酸（IAA）、吲哚丁酸（IBA）等。它们都为生长素，刺激植物细胞扩大伸长，促进植物形成层细胞的分裂而生根。吲哚丁酸效果最好，萘乙酸成本低。生根剂的应用浓度要准确在一定范围内，过高会抑制生根，过低不起作用。一般情况下，快速蘸根应用浓度高，草本花卉浓度 50 ~ 500 mg/kg，木本花卉浓度 500 ~ 1 000 mg/kg。

3　促进插穗生根的方法

3.1　物理方法

3.1.1　机械处理

为促进插穗生根，可于采集插穗前 20 ~ 30 d 在待采枝条基部进行环剥或刻伤，使养分积累，以利于插穗生根。

3.1.2　干燥处理

针对茎汁液丰富的植物，如橡皮树、一品红等，可采取干燥处理，即插穗剪取后不立即进行扦插，待汁液干燥后再扦插。

3.1.3　温水浸烫法

对于枝条内含有芳香性物质的植物，如松科植物，在插穗剪取后将插穗基部放入温水浸烫，抑制生根物质释放溶解，以利于插穗生根。

3.2　化学方法

实际生产中，常使用以植物生长调节剂为主要成分的生根剂对插穗进行处理（图 3-1），如根旺（商品名）等。

图 3-1　月季插穗处理

4　扦插类型

扦插
- 枝插：硬枝插、绿枝插、嫩枝插
- 叶插：叶片插、叶柄插
- 芽插
- 根插

5　扦插基质

扦插基质指用作扦插的材料，应具有保温、保湿、疏松、透气、洁净，酸碱度呈中性，成本低，便于运输的特点。

5.1　蛭　石

蛭石是一种含金属元素的云母矿物，经高温制成，黄褐色片状，疏松透气，保水性好，酸碱度呈微酸性，适宜木本、草本花卉扦插。

5.2　珍珠岩

珍珠岩由石灰质火山熔岩粉碎高温处理而成，白色颗粒状，疏松透气质地轻，保温保水性好。珍珠岩以 1 次使用为宜，长时间使用易滋生病菌，颗粒变小，透气差，酸碱度呈中性，适宜木本花卉扦插。

5.3　砻糠灰

砻糠灰由稻壳炭化而成，疏松透气，保湿性好，黑灰色吸热性好，经高温炭化不含病菌，新炭化材料酸碱度呈碱性，适宜草本花卉扦插。

5.4 砂

取河床中的冲积砂为宜，质地重，疏松透气，不含病虫菌，酸碱度呈中性，适宜草本花卉扦插。

6 扦插苗床

扦插苗床是扦插必备的设施，扦插苗床类型、质量直接影响扦插生根率、成活率及扦插苗的质量。扦插苗床类型不同，功能不同，生产成本亦不同。实际生产中，生产者要根据扦插的花卉种类、季节、客户的要求等进行选择。

6.1 全基质型苗床

全基质型苗床又称无土苗床（图 3-2），底层用水泥制作或用塑料薄膜与土壤隔开，其上先铺一层厚 10 ~ 15 cm 的碎石（或石子），石子上再铺一层厚 10 ~ 15 cm 的粗沙（或珍珠岩与粗沙各半，或珍珠岩、粗沙、草泥炭各 1/3）。苗床宽度一般为 100 ~ 130 cm，长度根据具体田块而定。

图 3-2　全基质型苗床

优点：① 由于与土壤隔离，土壤中的微生物不会浸染、危害植物插穗；② 透水透气性很好，不会因水分过多而窒息；③ 因为以无机物为主，微生物难以藏身，消毒容易彻底；④ 苗床可以反复使用，每年能在同一张苗床上繁殖 5 ~ 8 批。

6.2 免移栽薄基质苗床

直接在土壤上面铺上厚 4 cm 左右的粗沙，插穗插入粗沙之中，在粗沙透气的环境中生根后向下面的土层中深扎。

优点：① 节省材料；② 插穗生根后可以不用急着移栽，让它在有土的条件下生长，直到休眠期安全地移栽出圃。缺点是：由于与土壤接触，微生物较多，要注意经常消毒。

6.3 容器式繁殖

采用穴盘或繁殖杯，在其中放入基质（一般珍珠岩、蛭石、泥炭各 1/3），插穗直接插入基质，待生根后进行无土栽培，成苗后连容器销售。

优点：① 基质 1 次使用，不会有病菌累积；② 容器苗是国际标准化栽培的趋势；③ 容器苗打破了苗木销售、移栽的季节，随时可以销售，随时可以远距离运输移栽。

6.4 全光自动喷雾扦插苗床（图 3-3）

全光自动喷雾扦插苗床亦称全光喷雾扦插苗床。全光自动喷雾扦插苗床由扦插苗床和全光自动喷雾设备组成。苗床床底层平铺厚 4 ~ 5 cm 的碎石子或碎石子与粗沙混合物，上面再铺厚 3 cm 的珍珠岩，最上一层为厚 10 ~ 11 cm 的蛭石。全光自动喷雾设备由电子叶（即干湿感应板）、电子继电器、电磁阀、自来水管、喷头等组成。全光自动喷雾设备可自动喷雾，保持插穗湿润，加速插穗生根。

全光自动喷雾扦插苗床优点：插穗成活率高，根系发达、生长快、长势壮，能缩短繁殖期。

图 3-3 全光自动喷雾扦插苗床

7 扦插技术

7.1 枝 插

枝插是指采用花卉枝条作插穗的扦插方法。根据生长季节分为硬枝插、绿枝插和嫩枝插。

7.1.1 硬枝插

硬枝插（图 3-4）指在休眠期用完全木质化的一、二年生枝条作插穗的扦插方法，适用

于木本花卉紫荆、海棠类。在秋季落叶后或者来年萌芽前采集长势旺盛、节间短而粗壮、无病虫害的枝条，截取中段有饱满芽的部分，剪成 3 ~ 5 芽，约 10 ~ 15 cm 的小段，上剪口在芽上方 1 cm 左右，下剪口在基部芽下 0.3 cm 左右，并削成斜面。插床基质为壤土或沙壤土，开沟将插穗斜埋于基质中成垄形，覆盖顶部芽，喷水压实。有些难于扦插成活的花卉可采用带踵插、锤形插、泥球插等。

图 3-4　硬枝插

7.1.2　绿枝插

绿枝插（图 3-5）是指在生长期用半木质化带叶片的绿枝作插穗的扦插方法。花谢 1 周左右，选取腋芽饱满、叶片发育正常、无病害的枝条，剪成 10 ~ 15 cm 的小段，上剪口在芽上方 1 cm 左右，下剪口在基部芽下 0.3 cm 左右，切面要平滑。枝条上部保留 2 ~ 4 枚叶片，以便在光合作用中制造营养促进生根。插床基质为蛭石或砻糠。插穗插入前先用相当粗细的木棒插一孔洞（避免插穗基部插入时撕裂皮层），插入插穗的 1/2 ~ 2/3 部分，保留叶片的 1/2，喷水压实。绿枝插的花卉有月季、大叶黄杨、小叶黄杨、女贞、桂花等。

图 3-5　绿枝插

7.1.3　嫩枝插

嫩枝插是指生长期采用枝条端部嫩枝作插穗的扦插方法。在生长旺盛期，切取 10 cm 左右长的幼嫩枝梢，基部削面平滑，插入蛭石、砻糠、河沙等基质中，用手压实后喷水。如菊花、一串红、石竹等。

7.2 叶 插

叶插是指采用花卉叶片或者叶柄作插穗的扦插方法。

7.2.1 叶片插

叶片插指用于叶脉发达、切伤后易生根的花卉作全叶插或片叶插。蟆叶海棠扦插时，先剪除叶柄，叶片边缘过薄处亦可适当剪去一部分，以减少水分蒸发，将叶片上的主脉、支脉间隔切断数处，平铺在插床面上，使叶片与基质密切接触，并用竹枝或透光玻璃固定，能在主脉、支脉切伤处生根。落地生根可由叶缘处生根发芽，可将叶缘与基质紧密接触。如将虎尾兰一个叶片切成数块（每块上应具有一段主脉和侧脉）分别进行扦插，使每叶片基部形成愈伤组织，再长成一个新植株。

7.2.2 叶柄插

叶柄插指用于易发根的叶柄作插穗。将带叶的叶柄插入基质中，由叶柄基部发根；也可将半张叶片剪除，将叶柄斜插于基质中。橡皮树叶柄插时，将肥厚叶片卷成筒状，插竹签固定于基质中；大岩桐叶柄插时，叶柄基部先发生小球茎，再形成新个体。豆瓣绿、非洲紫罗兰、球兰等也可采用此法繁殖。

7.3 芽 插

芽插是指利用芽作插穗的扦插方法。取 2 cm 左右长、枝上有较成熟的芽（带叶片）的枝条作插穗，芽的对面略削去皮层，将插穗的枝条露出基质，可在茎部表皮破损处愈合生根，腋芽萌发成为新植株，如橡皮树、天竺葵等。

7.4 根 插

根插（图 3-6）是指用根作插穗的扦插方法，适于用带根芽的肉质根花卉。结合分株将

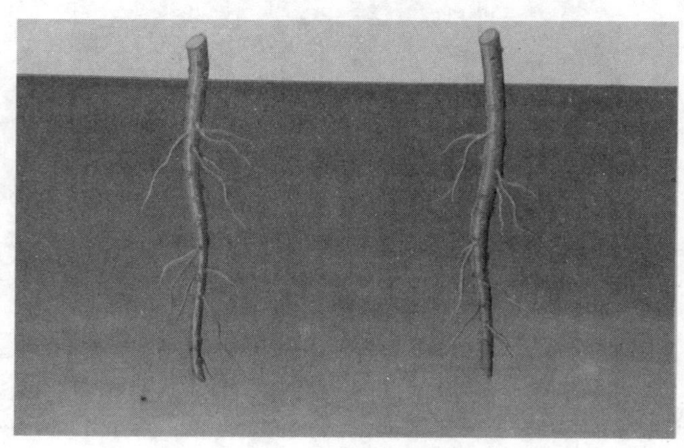

图 3-6 根插

粗壮的根剪成 5 ~ 10 cm 左右 1 段，全部埋入插床基质或顶梢露出土面，注意上下方向不可颠倒，例如牡丹、芍药、月季、补血草等。某些小草本植物的根，可剪成 3 ~ 5 cm 的小段，然后用撒播的方法撒于床面后覆土即可，例如宿根福禄考、蓍草等。

8　插后管理

扦插后的管理很重要，决定扦插是否成活。扦插后的管理主要包括空气温度、湿度、光照、通风透光等管理。

8.1　基质（土）温度要略高于气温

北方的硬枝插、根插搭盖小拱棚，防止冻害；调节土壤墒情提高土温，促进插穗基部愈伤组织的形成。一般而言，基质（土）温度高于气温 3 ~ 5 °C 为宜。

8.2　保持较高的空气湿度

扦插初期，枝插和叶插的插穗无根，靠自身平衡水分，需 90% 的相对空气湿度。气温上升后，及时遮阳防止插穗蒸发失水，影响成活。

8.3　由弱到强的光照

扦插后，逐渐增加光照，加强叶片的光合作用，尽快产生愈伤组织而生根。

8.4　及时通风透光

随着根的发生，应及时通风透光，以增加根部的氧气，促使生根快、生根多。

【项目实施】

任务 1　月季扦插

1. 生产计划制订：根据客户购买数量、交货时间、花卉质量等级（生产中一般由买卖双方商定）、交易价格（购买合同或口头协议）等客户要求，结合自身实际情况，制订生产计划。

2. 扦插类型、方式：绿枝插、斜插。

3. 工具与材料准备：月季、枝剪、单面刀片、根旺、苗床地、浇水壶、铁锹、钉耙等。

4. 操作过程：

（1）插床准备。根据生产实际，结合现有条件准备插床，插床基质选用蛭石。

（2）插穗采集、处理。月季花谢 1 周左右，选取腋芽饱满、叶片发育正常、无病害的枝条，剪成 10 ~ 15 cm 的小段，上剪口在芽上方 1.0 cm 左右，下剪口在基部芽的下方 0.3 cm 左右，切面要平滑，枝条上部保留 2 ~ 4 枚叶片。

（3）生根处理。先将根旺配制成浓度为 500 ~ 1 000 mg/kg 的溶液，将剪好的月季插穗放进装有根旺溶液的塑料盆、玻璃瓶等容器中浸泡 10 ~ 15 h。

（4）扦插。先用相当粗细的木棒在插床上插一个孔，深度与插穗扦插深度相当。然后将处理好的插穗插入，深度为插穗的 1/2 ~ 2/3 部分，喷水压实。

（5）插后管理。保持相对空气湿度 90% 左右，保证插床基质温度比气温高 3 ~ 5 °C。

5. 注意事项：

（1）叶片处理。绿枝插通常要进行叶片处理，生产中可根据季节、天气、地区等进行适当剪切，一般为叶片的 1/3 ~ 1/2。

（2）配制生根液。根据处理插穗的种类、处理方式（低浓度、高浓度）等配制适宜浓度，不可过高或过低。

（3）扦插方式。一般分为直插和斜插，生产中多采用斜插。

（4）扦插深度。一般为插穗的 1/2 ~ 2/3，可根据地区、季节、天气进行适当调整。

任务 2　菊花扦插

1. 生产计划制订：根据客户购买数量、交货时间、花卉质量等级（生产中一般由买卖双方商定）、交易价格（购买合同或口头协议）等客户要求，结合自身实际情况，制订生产计划。

2. 扦插类型、方式：嫩枝插、斜插。

3. 工具与材料准备：菊花、刀片、生根剂（根旺）、苗床地、浇水壶、铁锹、钉耙等。

4. 操作过程：

（1）插床准备。

根据生产实际，结合现有条件准备插床，插床基质选用蛭石。

（2）插穗采集、处理。选取腋芽饱满、叶片发育正常、健壮无病害的长度 5 ~ 10 cm 的菊花嫩梢，用刀片将枝条基部削成斜切口，切面要平滑，上部保留 2 ~ 4 枚叶片。

（3）生根处理。先将根旺配制成浓度为 500 ~ 1 000 mg/kg 的溶液，将剪好的菊花插穗放进装有根旺溶液的塑料盆、玻璃瓶等容器中浸泡 10 ~ 15 h。

（4）扦插。先用相当粗细的木棒在插床上插一个孔，深度与插穗扦插深度相当。然后将处理好的插穗插入，深度为插穗的 1/2 ~ 2/3 部分，喷水压实。

（5）插后管理。保持相对空气湿度 90% 左右，保证插床基质温度比气温高 3 ~ 5 °C。

5. 注意事项：

（1）叶片处理。绿枝插通常要进行叶片处理，生产中可根据季节、天气、地区等进行适当剪切，一般为叶片的 1/3 ~ 1/2。

（2）配制生根液。根据处理插穗的种类、处理方式（低浓度、高浓度）等配制适宜浓度，不可过高或过低。

（3）扦插方式。一般分为直插和斜插，生产中多采用斜插。

（4）扦插深度。一般为插穗的 1/2 ~ 2/3，可根据地区、季节、天气进行适当调整。

任务3　大丽花扦插

大丽花商品生产中主要采用嫩枝插繁殖（图3-7）。于早春2—3月份将不分割的块根密排于温室的繁殖床中，覆土至球顶，温室内的昼夜温度保持在18～20 °C或15～18 °C，新芽可从根颈部不断发生，待嫩梢长到6～7 cm、茎还未出现中空时取下进行扦插，扦插生根的昼夜温度为20～22 °C或15～18 °C，2～4周后生根。

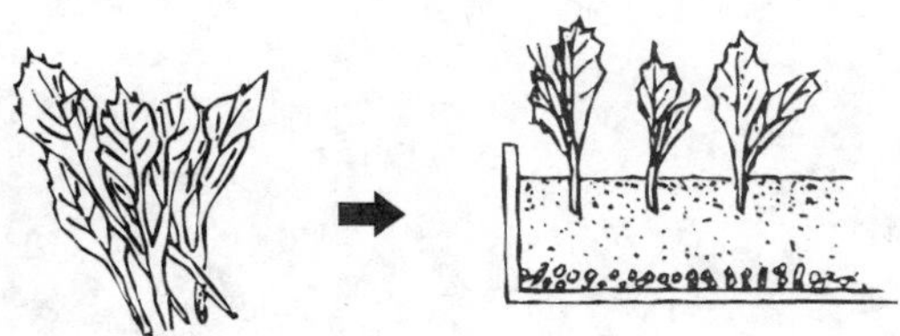

图3-7　大丽花嫩枝扦插繁殖

【职业技能考核】

序号	考核内容	具体项目、要求	配分	评分主要指标
1	木本花卉扦插	月季绿枝插	40	插穗质量、插后管理、扦插成活率
2	草本花卉扦插	菊花嫩枝插	40	插穗质量、插后管理、扦插成活率
3	促进插穗生根	月季插穗生根处理	20	采用的方法、浓度、处理时间
合　计			100	

项目四　嫁接育苗

【知识目标】

☆了解嫁接繁殖对商品花卉生产的意义。

☆掌握嫁接方法。

【职业技能】

★掌握常见花卉嫁接技术。

★掌握嫁接苗管理技术。

【知识储备】

嫁接育苗指将一种植物的枝、芽等接到另一种植物的根、茎上，从而培育新植株的育苗方法。用于嫁接的枝条称接穗，嫁接的芽称接芽，被嫁接的植株称砧木，嫁接培育成活的新植株称嫁接苗。

嫁接育苗特点：能保持原有品种的优良性状，能提高抗旱、抗寒等适应性，能比实生苗提早开花，能提高花卉的观赏价值，但技术要求高，部分植物成活率低。

1　嫁接成活的原理及过程

1.1　细胞的再生能力

植物细胞的再生能力是嫁接成活的生理基础，植物再生能力最旺盛的细胞主要集中在形成层，形成层薄壁细胞可以形成愈伤组织，愈伤组织分化新的输导组织连通砧木与接穗组成整体。

1.2　嫁接亲和力

嫁接亲和力是指砧木与接穗在内部组织结构、生理、遗传等方面相同或相近，嫁接相互融合并正常生长发育的能力。亲缘关系越近，亲和力越大，越易成活。一般而言，同种不同品种间亲和力最大。生产中，嫁接一般在同属、同种或同品种间进行。

1.3　嫁接成活的过程

砧木与接穗切口形成层密接，形成层薄壁细胞再形成愈伤组织，导致双方细胞密接，输导组织上下贯通成为一体（图 4-1）。

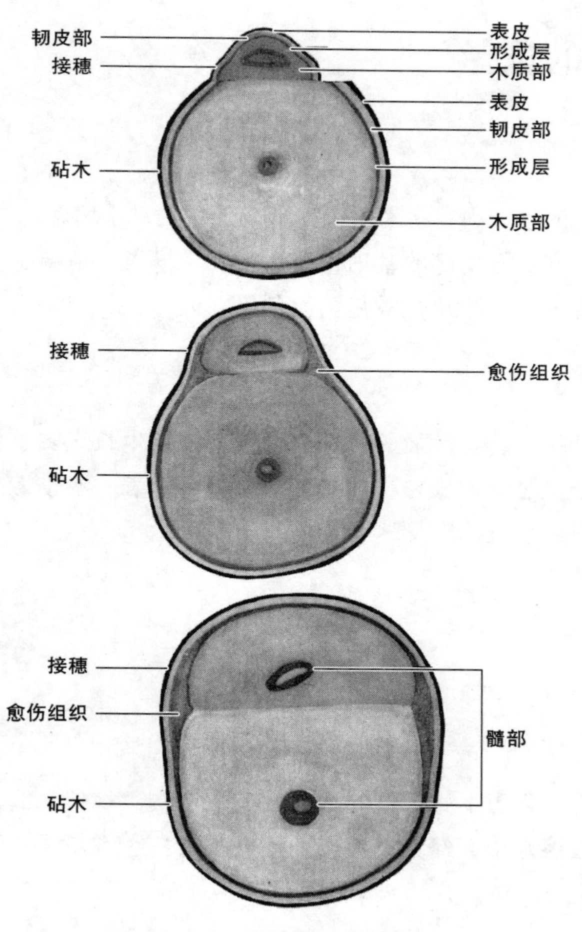

图 4-1　嫁接愈合示意图

2　嫁接方法、类型

按嫁接所取材料的不同可分为芽接、枝接、根接三类。

嫁接
- 芽接：“T”字形芽接、嵌芽接、带木质部芽接、方块形芽接等。
- 枝接：劈接、切接、切腹接、舌接、靠接、髓心接、皮下接等。
- 根接。

3　嫁接时期

嫁接时期因地区、嫁接方法、植物种类、生产条件等有所差异。一般而言，枝接宜在早春，北方地区在 3 月下旬至 5 月上旬，南方地区在 2～4 月；芽接可在春、夏、秋，以夏秋为主。

4 砧木与接穗的选择

4.1 砧木的选择

砧木与接穗有良好的亲和力；砧木适应本地区的气候、土壤条件，根系发达，生长健壮；对接穗的生长、开花、寿命有良好的基础；对病虫害、旱涝、地温、大气污染等有较好的抗性；能满足生产上的需要，如矮化、乔化、无刺等，以一、二年生实生苗为好。

4.2 接穗的采集

采集接穗应从优良品种、特性强的植株上采取；枝条生长充实、色泽鲜亮光洁、芽体饱满，取枝条的中间部分，过嫩不成熟，过老基部芽体不饱满；春季嫁接采用翌年生枝，生长期芽接和嫩枝接采用当年生枝。

5 影响因素

5.1 嫁接亲和力

影响嫁接成活的主要内因。嫁接亲和力强的砧木和接穗嫁接，成活率高、生长良好。嫁接亲和力弱的砧木和接穗嫁接，经常产生以下不良表现：① 愈合不良；② 生长开花不正常；③ 生长不协调。

5.2 嫁接天气

嫁接天气对嫁接成活有一定的影响，一般而言，嫁接一般宜选择在阴天、无风、无雨的天气进行。实际生产中，如若不能选择有利天气条件，嫁接时可采取一定保护措施。如夏天温度高、光照强的天气嫁接，嫁接可对接穗进行遮阴。

5.3 环境条件

环境条件主要包括温度、湿度等。一般而言，$T_{气}$、$T_{地}$ 在 20 ~ 25 °C 左右有利于嫁接成活。空气相对湿度为 60% ~ 70%。

5.4 砧木和接穗的质量

砧木和接穗质量好坏直接影响嫁接的质量。一般而言，衡量砧木和接穗质量的标准有：① 嫁接成活率符合生产要求；② 嫁接成活后，砧木和接穗生长协调；③ 砧木和接穗各自优良特性充分表现。嫁接成活后，嫁接苗的生长能达到以上三个标准，表明砧木和接穗质量好；反之，表明砧木和接穗质量差。

5.5 嫁接技术水平

嫁接技术因人而异，水平高，成活率高；反之，成活率低。衡量嫁接技术可用“快、平、准、紧、齐”五字概括，即动作快、削面平、下刀准、绑扎紧、形成层对齐。

6 嫁接方法

嫁接的方法很多，要根据花卉种类、嫁接时期、气候条件选择不同的嫁接方法。花卉栽培中常用的是枝接、芽接和根接等。

6.1 枝 接

枝接（图 4-2）是指以枝条为接穗的嫁接方法。

6.1.1 切 接

一般在春季 3—4 月进行。碧桃、红叶桃等可用此方法嫁接。操作步骤为：① 砧木处理，离地面 20 ~ 25 cm，横切一刀，选砧木的光滑侧面垂直向下削一刀，切口深 2 ~ 2.5 cm；② 接穗处理。将选定的接穗截取 3 ~ 5 cm 的一段，其上具 2 ~ 3 个芽，两面削，长面 1.5 ~ 2 cm，短面 0.5 ~ 1 cm，削好后保湿；接合：接穗的长切面向里，短切面向外，插入砧木，使形成层对齐，用嫁接膜、麻线或塑料膜带绑紧。

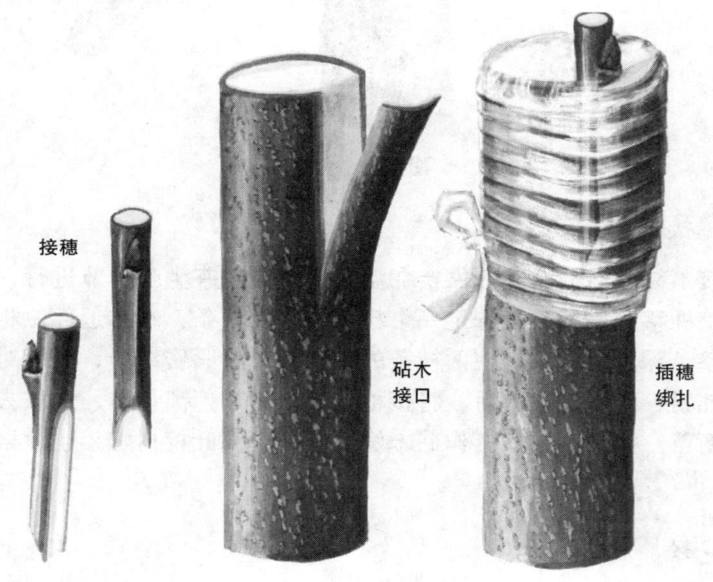

图 4-2 切接

6.1.2 劈 接

劈接（图 4-3）一般在春季 3 ~ 4 月进行。菊花的大立菊栽培嫁接，杜鹃花、榕树、金橘、樱花的高头换接都用此嫁接方法。

操作步骤为：① 砧木处理。在砧木离地 10～12 cm 处，剪断砧木后，削平截面，在砧木横切面中央用嫁接刀在中心纵劈一刀，劈口深约 2 cm。② 接穗处理。截取接穗枝条 5～8 cm，保留 2～3 个芽，将接穗的下端削成楔形，有两个对称的马耳形削面，削面一定要平，削后的接穗外侧应稍厚于内侧。③ 接合。撬开砧木劈口，将接穗插入砧木，使接穗厚的一面在外，薄的一面在内，并使接穗的削面略露出砧木的截面，然后使砧木和接穗的形成层对齐，再用塑料嫁接条缠严、绑好。

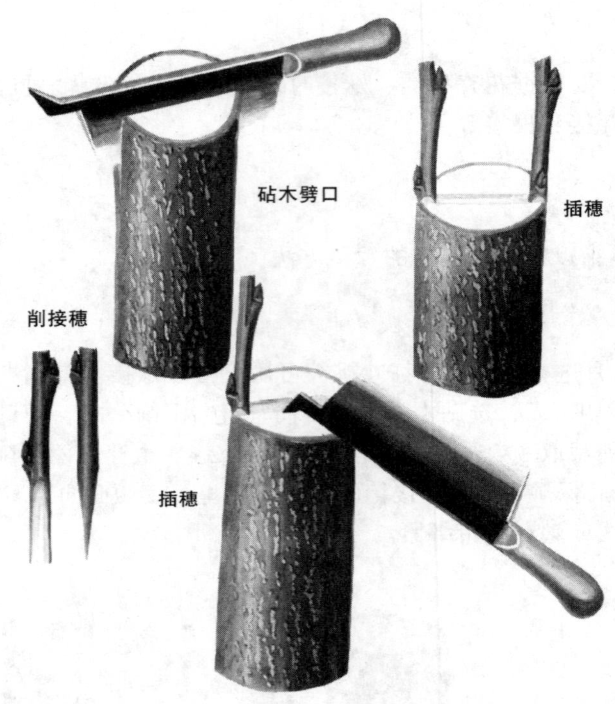

图 4-3　劈接

6.1.3　靠　接

靠接用于嫁接不易成活的花卉。靠接在温度适宜且花卉生长季节进行，在高温期最好。先将靠接的两株植株移置一处，各选定一个粗细相当的枝条，在靠近部位相对削去相等长的削面，削面要平整，深至近中部，使两枝条的削面形成层紧密结合，至少对准一侧形成层，然后用塑料膜带扎紧；待愈合成活后，将接穗自接口下方剪离母体，并截去砧木接口以上的部分，则成一株新苗。如用小叶女贞作砧木嫁接桂花、大叶榕树嫁接小叶榕树、代代嫁接香园或佛手等。

6.1.4　髓心接

髓心接是指接穗和砧木以髓心愈合而成的嫁接方法，一般用于仙人掌类花卉，在温室内一年四季均可进行。

（1）仙人球嫁接。先将仙人球砧木上面切平，外缘削去一圈皮肉，平展露出仙人球的髓心。再将另一个仙人球基部也削成一个平面，然后砧木和接穗平面切口对接在一起，中间髓心对齐，最后用细绳连盆一块绑扎固定，放半阴干燥处，1 周内不浇水。保持一定的空气湿

度，防止伤口干燥。待成活拆去扎线，拆线后 1 周可移到阳光下进行正常管理。

（2）蟹爪莲嫁接。以仙人掌为砧木，蟹爪莲为接穗的髓心嫁接。将培养好的仙人掌上部平削去 1 cm，露出髓心部分。蟹爪莲接穗要采集生长成熟、色泽鲜绿肥厚的 2 ~ 3 节分枝，在基部 1 cm 处两侧都削去外皮，露出髓心。在肥厚的仙人掌切面的髓心左右切 1 刀，再将插穗插入砧木髓心挤紧，用仙人掌针刺将髓心穿透固定。髓心切口处用溶解蜡汁封平，避免水分进入切口。1 周内不浇水。保持一定的空气湿度，当蟹爪莲嫁接成活后移到阳光下进行正常管理。

枝接除上述方法外还有皮下接、切腹接、舌接等。

6.2 芽　接

芽接是指以芽为接穗的嫁接方法。在夏秋皮层易剥离时应用较多的嫁接方法。

6.2.1 “T”字形芽接

“T”字形芽接要求砧木离皮。操作步骤如下：

（1）砧木处理：首先在砧木适当部位切一个“T”字形切口，深度以切断韧皮部为宜。

（2）接穗削取：选枝条中部饱满的侧芽选作接芽，剪去叶片，保留叶柄，在芽上方 0.5 ~ 0.7 cm 处横切一刀深达木质部，再在芽下方 1.0 cm 处向上斜削一刀，削到与芽上面的切口相遇，用右手扣取盾形芽片。

（3）接合：将盾形芽片插入“T”形切口，将芽片上端与“T”形切口的上端对齐，然后用塑料条捆绑好。

6.2.2 嵌芽接

嵌芽接（图 4-4）在砧穗不易离皮时用此方法，碧桃、银杏等可用此方法嫁接。操作步骤如下：

（1）接穗处理：用刀从接穗芽的上方 0.5 ~ 1.0 cm 处斜切一刀，稍带部分木质部，然后在芽下方 0.5 ~ 0.8 cm 处向下斜削一刀，至第一切口。

（2）砧木处理：与接穗相同，砧木切口大小要与接穗芽片大体相近，或稍长于芽片。

（3）嵌合：将芽片嵌入砧木切口，形成层对齐，芽片上端露一点砧木皮层（露白）用塑料膜带扎紧。

芽接除上述方法外还有方块形芽接、套芽接等。

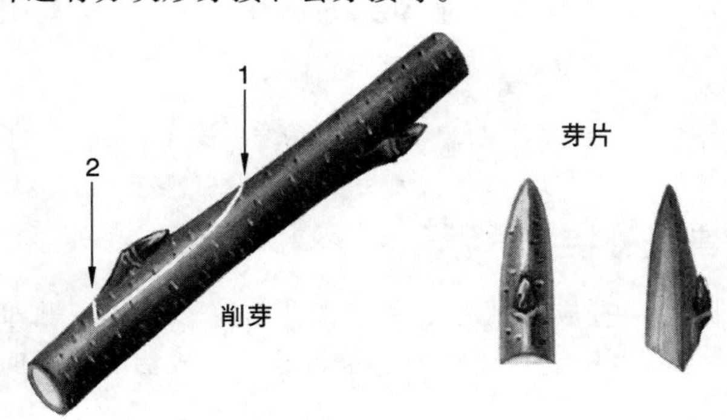

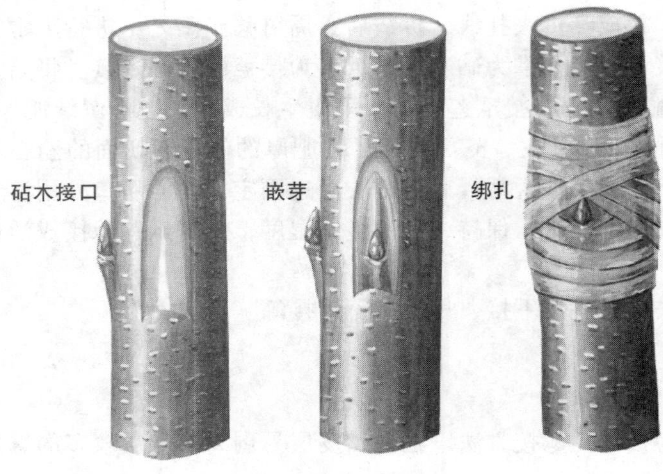

图 4-4　嵌芽接

6.3　根　接

根接（图 4-5）是指以根为砧木的嫁接方法。肉质根的花卉用此方法嫁接。牡丹根接，秋天在温室内进行。以牡丹枝为接穗，芍药根为砧木，按劈接的方法嫁接成一株，嫁接处扎紧放入湿沙堆埋住，露出接穗，保持空气湿度，30 d 成活后即可移栽。

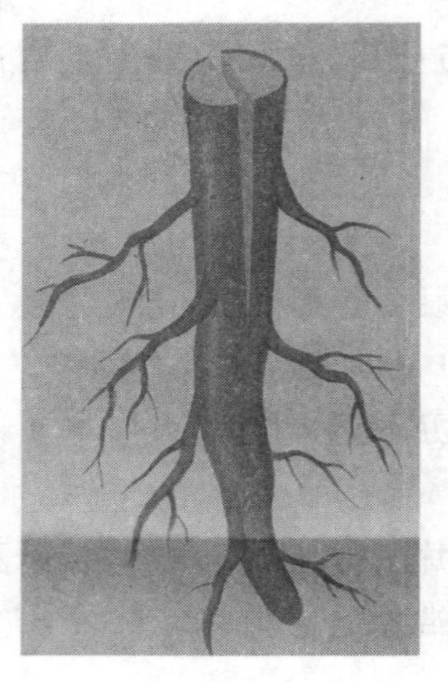

砧木接口

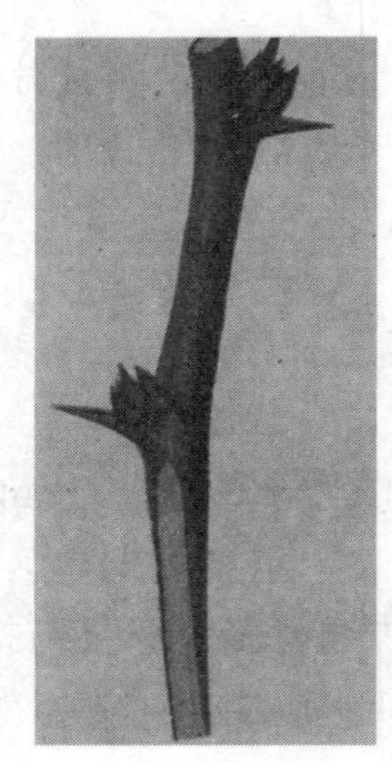

削接穗

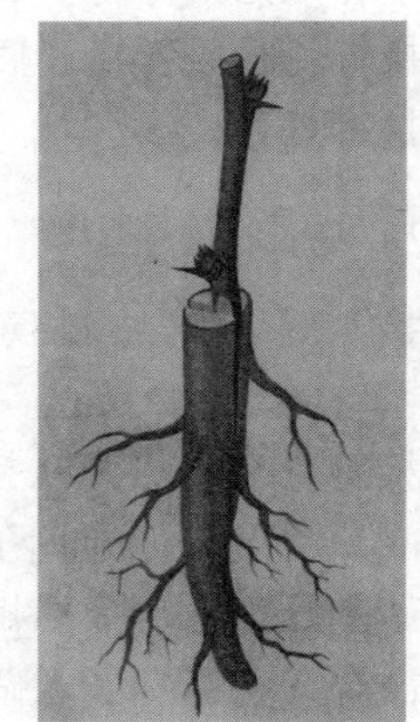

插惠

图 4-5　根接

7　嫁接后的管理

7.1　检查成活、解绑及补接

嫁接后 7 ~ 15 d，即可检查成活情况，芽接接芽新鲜，叶柄一触即落者为已成活；枝接者需待接穗萌芽后有一定的生长量时才能确定是否成活。成活的要及时解除绑缚物，未成活的要在其上或下补接。

7.2 剪 砧

夏末和秋季芽接的在翌春发芽前及时剪去接芽以上砧木，促进接芽萌发，春季芽接的随即剪砧，夏季芽接的一般 10 d 后解绑剪砧。剪砧时，修枝剪的刀刃应迎向接芽的一面，在芽片上 0.3 ~ 0.4 cm 处剪下。剪口向芽背面稍微倾斜，有利于剪口愈合和接芽萌发，但剪口不可过低，以防伤害接芽。

7.3 除 萌

剪砧后砧木基部会发生许多萌蘖，须及时除去，以免消耗水分和养分。

7.4 设立支柱

接穗成活萌发后，遇有大风易被吹折或吹歪而影响成活和正常生长。需将接穗用绳捆在立于其旁的支柱上，直至生长牢固为止。一般在新梢长到 5 ~ 8 cm 时，紧贴砧木立一支棍，将新梢绑于支棍上，不要过紧或过松。

7.5 圃内整形

某些树种和品种的半成苗，发芽后在生长期间，会萌发副梢即二次梢或多次梢，如桃树可在当年萌发 2 ~ 4 次副梢。可以利用副梢进行圃内整形，培养优质成形的大苗。

7.6 其他管理

在嫁接苗生长过程中要注意中耕除草、追肥灌水和防治病虫害等工作。

【项目实施】

任务 1　菊花劈接

1. 生产计划制订：根据客户购买数量、交货时间、花卉质量等级（生产中一般由买卖双方商定）、交易价格（购买合同或口头协议）等客户要求，结合自身实际情况，制订生产计划。

2. 嫁接类型、方法：枝接、劈接。

3. 工具与材料准备：青蒿、菊花接穗、嫁接工具（双面刀片）、嫁接膜等。

4. 操作过程：

（1）砧木处理。选取生长健壮、无病虫害的青蒿作为砧木，在嫁接枝条适当部位剪断砧木后，在枝条中心部位纵劈一刀，劈口深约 1.5 cm。

（2）接穗处理。用单面刀片将选好的菊花接穗的下端削成楔形，形成两个对称的马耳形削面，削面一定要平，削后的接穗外侧应稍厚于内侧。

（3）接合。撬开砧木劈口，将接穗插入砧木，使接穗厚的一侧在外，薄的一面在里，并使接穗的削面略露出砧木的截面，然后使砧木和接穗的形成层对齐，再用嫁接塑料薄膜条等将接合部位缠严、绑好。天气晴朗、气温高，蒸发量大时，可用纸袋或塑料袋将接穗套住，防止接穗失水。

任务 2　银杏嵌芽接

1. 生产计划制订：根据客户购买数量、交货时间、花卉质量等级（生产中一般由买卖双方商定）、交易价格（购买合同或口头协议）等客户要求，结合自身实际情况，制订生产计划。

2. 嫁接类型、方法：芽接、嵌芽接。

3. 工具与材料准备：银杏、嫁接刀、嫁接膜等。

4. 操作过程：

（1）接穗处理。从芽的上方 0.5 ~ 1.0 cm 处斜切一刀，稍带部分木质部，长 1.5 cm 左右，再在芽下方 0.5 ~ 0.8 cm 处斜切一刀。

（2）砧木处理。在砧木适当部位切与芽片大小相应的切口，并将切开的部分切取上端 1/3 ~ 1/2，留下大部分供夹合芽片。

（3）接合。取下芽片，将芽片插入切口对齐形成层，芽片上端露一点砧木皮层，然后用嫁接塑料膜扎紧。

任务 3　仙人掌类嫁接

1. 生产计划制订：根据客户购买数量、交货时间、花卉质量等级（生产中一般由买卖双方商定）、交易价格（购买合同或口头协议）等客户要求，结合自身实际情况，制订生产计划。

2. 要求：掌握仙人掌类髓心嫁接技术。

3. 嫁接类型、方法：髓心接、平接法和插接法。

4. 材料、用具：仙人掌类砧木、仙人球、蟹爪莲等接穗、枝剪、芽接刀、绑绳、塑料袋等。

5. 操作过程：

（1）平接法。将三棱剑留根茎 10 ~ 20 cm 平截，斜削去几个棱角，将仙人球下部平切一刀，切面与砧木切口大小相近，髓心对齐平放在砧木上，用细绳绑紧固定，勿从上浇水。

（2）插接法。选仙人掌或大仙人球为砧木，上端切平，顺髓心向下切 1.5 cm；选接穗，削一长 1.5 cm 的楔形面，插入砧木切口中，用细绳扎紧，上套袋防水。

【职业技能考核】

序号	考核内容	具体项目、要求	配分	评分主要指标
1	草本花卉嫁接	菊花劈接	40	嫁接技术、速度、嫁接成活率
2	木本花卉嫁接	银杏嵌芽接	40	嫁接技术、速度、嫁接成活率
3	仙人掌类花卉嫁接	三棱剑嫁接	20	嫁接技术、速度、嫁接成活率
合　计			100	

项目五　盆栽花卉生产

【知识目标】

☆了解盆栽花卉的概念及其生产意义。

☆掌握各类盆栽花卉的培养土配制及消毒，上盆、换盆、转盆等生产基础知识。

☆掌握各类盆花的生态习性、繁殖方法、生产管护技术。

【技能目标】

★能熟练完成常见盆栽花卉培养土的配制。

★能熟练完成常见盆栽花卉的生产育苗。

★能熟练完成常见盆栽花卉的上盆、换盆、翻盆、转盆等工作。

★能熟练完成常见盆栽花卉的日常生产管理与养护工作。

【知识储备】

花卉盆栽是指以花盆为主要栽培容器进行花卉的栽培。盆栽花卉生产是指主要从事花卉盆栽的生产活动。目前，盆栽花卉是我国商品花卉的主要产品之一，盆栽花卉生产已成为我国花卉产业的主要生产类型之一，盆栽花卉的市场占有率、销售量、销售额不断升高，经济效益高、社会效益好，部分主产区如岭南、江浙、闽南等已成为当地新的经济增长点和农民增收的好帮手。盆花类型多，本项目主要介绍观花类盆花生产。观叶类盆花、兰科花卉生产分别在项目五、项目六中介绍。

1　盆花特点

（1）盆花具有移动灵活，管理方便的特点，最适于布置花坛、室内装饰以及重大节日庆典、重要场合等摆放。

（2）盆花的艺术价值和商品价值高。

（3）生产管理、养护等技术比露地花卉复杂。

（4）生产环境、设施设备等条件要求高，生产成本高。

2　盆花类型

适宜盆栽的花卉种类繁多，从观赏部位及生产实际看，可分为以下类型：

盆花{
观花类：以花朵为主要观赏部位的，如瓜叶菊、君子兰等。
观叶类：以叶片为主要观赏部位的，如竹芋类、变叶木、观赏凤梨类等。
观果类：以果实为主要观赏部位的，如观赏辣椒、金橘等。
多肉多浆类：此类主要以仙人赏科、景天科、百合科植物为主，如金琥等。
兰科花卉：此类主要包括中国兰花和西洋兰花，如中国兰、蝴蝶兰等。

3　盆栽容器

盆栽花卉生产从生产育苗到上市销售要经过育苗、上盆、换盆等一系列生产过程，不同生产过程需要的栽培容器有所不同。目前，盆栽花卉生产主要有以下容器。

3.1　穴　盘

穴盘一般由塑料注塑而成，主要用于播种、扦插育苗。它具有减少种子用量，出苗整齐，移栽或定植后缓苗迅速，成活率高等优点。常用穴盘的规格见表 5-1、图 5-1。

表 5-1　穴盘规格、型号

规格（穴）	上口边长（cm）	下口边长（cm）	深度（cm）
72	4.2	2.4	5.5
128	3.1	1.5	4.8
288	2.0	0.9	4.0

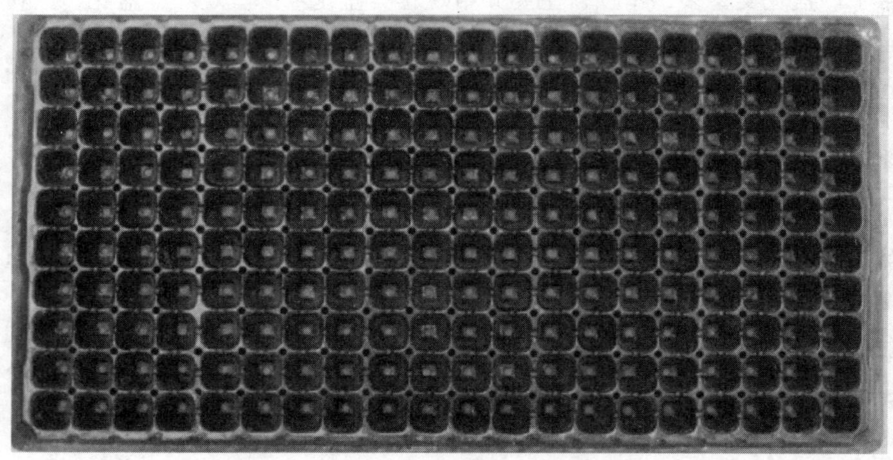

图 5-1　穴盘

3.2　育苗盘

育苗盘外形与穴盘相同，但中间没有间隔，长 60 cm、宽 45 cm、厚 10 cm。一般在室内播种育苗时使用，也可用于扦插繁殖。

3.3 木　箱

木相主要是播种育苗用。规格为长 60 cm、宽 45 cm、厚 10 cm，底部有很多孔隙，利于排水。木箱可以利用木材自制，节约成本。使用前将木箱在 1 000 倍百菌清液中浸泡数小时进行消毒，同时，木箱吸足水分有利于播种。

3.4 育苗钵

育苗钵亦称营养钵。目前有塑料育苗钵和有机质育苗钵两类，有机质育苗钵是由牛粪、锯末、泥土、草浆混合搅拌或由泥炭压制而成，疏松透气，装满水后在盆底无孔情况下，40 ~ 60 min 可全部渗出，与苗同时栽入土中不伤根，没有缓苗期。

3.5 瓦　盆

瓦盆又称素烧盆，有良好的通气、排水性能，适合花卉的生长，又因价格低廉，是使用最广泛的栽培容器。其大小规格不一，一般最常用的是直径与盆高相等的标准盆，最小的盆口直径为 6 cm，最大不超过 50 cm。播种或移苗时多用深 8 ~ 10 cm 的浅盆。

3.6 塑料盆

塑料盆整洁美观，轻便耐用，便于运输、搬动，但其透气性不如瓦盆，使用时需在盆底垫碎瓦块作排水层，选用排水性能强的栽培基质，防止渍涝现象发生。目前，塑料盆是花卉生产的主要栽培容器之一。

3.7 吊　盆

吊盆用于一些枝条细长、柔软花卉的垂吊盆栽，质地一般为塑料。

3.8 紫砂盆

紫砂盆上刻各种花草图案，式样多种，色彩调和，古朴雅致，具古玩美感，比较适合小型室内观叶植物用盆。这种盆的缺点是排水透气性能稍差，使用时必须选择适宜的植物品种。

3.9 釉　盆

釉盆质地坚固，色彩华丽，但排水通气性能差。常作为套盆使用，也可直接用于栽培较大型观叶植物，但必须配以疏松多孔隙基质，否则植株生长不良。

3.10 木　盆

木盆用来栽培大型观叶植物，其规格可据实际需要而定。这种盆内外表可漆以不同色彩，以提高使用寿命，且与植物色彩协调。

4 栽培基质

盆栽花卉是利用各种花盆进行花卉生产栽培，因花盆容量限制了根的伸展，所以对栽培基质的要求严格，不能单纯使用田园土栽培。因盆栽花卉种类繁多、习性各异，对栽培基质的要求亦不同。目前，花卉生产中，盆栽花卉的栽培基质主要有培养土、树皮块、苔藓等，绝大部分盆花使用培养土，树皮块、苔藓等主要用于西洋兰花栽培。在此，仅介绍培养土。

4.1 培养土（盆土）

4.1.1 培养土的基本要求

花卉种类多，与它们生理特性相适应的盆土，变化也是很多的。一般花卉盆土团粒结构良好，营养丰富，疏松通气，能排水保水，腐殖质丰富，不含病虫卵和杂草种子，酸碱度符合花卉要求。

（1）团粒结构良好，排水透气。保水盆土的团粒结构，就是腐殖质土黏着矿物质土，形成的团粒结构。团粒内部有毛细管孔隙，可蓄水保肥，团粒之间又有较大的空隙，可以排水透气，使团粒结构良好，盆土结构合理，水、肥、气三者相互协调。如果团粒结构不良，盆土就会黏重、板结，或者成粉末状阻塞孔隙，使水、气流畅不通，造成根部腐烂或干枯。为了使盆土结构良好，要在栽培土中掺入一定的砂、砻糠或炉渣灰，并要过筛，除去一部分粉末状细土，使浇水后表土不结皮，干燥但不龟裂。

（2）腐殖质丰富，肥效持久。腐殖质是动植物残体及排泄物经腐败变化后的有机物质。腐殖质含量丰富，在根系和微生物的共同作用下，分解出植物需要的各种营养元素，供植物吸收。腐殖质要充分腐熟，不能有恶臭味，能源源不断地供应养分，这样的盆土，肥效才能持久。

（3）酸碱度（pH）要适宜。不同的花卉，对土壤酸碱度的要求不同。一般的培养土，呈中性或微酸性，适宜大多数花卉的生长要求。有的花卉适宜于酸性土壤，必须配制酸性培养土，否则影响花卉的营养吸收。

4.1.2 培养土的配制

培养土的配制，是将各种自然土料按照花卉所需的要求、营养比例进行调和、配制，使盆土透气、透水，又使养分中的氮、磷、钾及微量元素比例合理，以保证盆栽花卉正常生长发育。

（1）普通培养土。普通培养土是花卉盆栽必备用土，它用于多种花卉栽培。各种土料配制比例见表 5-2。

表 5-2 盆花用普通培养土土料配制比例

类 别	土料比例			合 计
土 类	田园土 25%	河沙或面沙 15%	炉渣灰 10%	50%
腐殖质	草炭土 10%	发酵木屑 10%	腐叶土 10%	30%
肥 料	鸡鸭粪 17%	草木灰 2%	过磷酸钙 1%	20%

在配制培养土时，先将土类和肥料充分混合，然后和腐殖质分层堆积起来，从堆顶把水

浇透，经半年或1年时间，再把土堆翻开，反复翻倒两遍，过筛备用。

（2）各类花卉培养土配制见表5-3。

表5-3　各类花卉培养土土料配制比例

种　类	土　料								
	田园土	河砂	草炭土	腐叶土	木　屑	鸡　粪	饼　肥	马　粪	酸碱度
草花培养土	50	10	10	10	10	—	10	—	6.5 ~ 7.0
观叶植物培养土	40	10	—	20	10	—	10	—	6.5 ~ 7.0
宿根、球根培养土	40	10	10	10	10	10	10	—	6.5 ~ 7.0
君子兰培养土	—	20	20	10	20	10	—	20	6.5
杜鹃花培养土	—	—	20	50	10	10	—	10	4 ~ 5
茶花、金橘培养土	20	20	20	20	—	10	—	10	5.0 ~ 5.5
月季花培养土	40	20	—	10	10	10	10	—	6.5
仙人掌培养土	20	30	10	—	20	10	10	—	6 ~ 7
兰花培养土	—	10	30	20	10	5	5	20	4 ~ 5

4.1.3　培养土的消毒

培养土力求清洁，因土壤中常存有病菌孢子和虫卵及杂草种子，培养土配制后，要经消毒才能使用。消毒的方法有3种：

（1）日光消毒。将配制好的培养土薄薄地摊在清洁的水泥地面上，暴晒2 d，用紫外线消毒，第3天加盖塑料薄膜提高盆土的温度，可杀死虫卵。这种消毒方法不严格，但有益的微生物和共生菌仍留在土壤中。兰花培养土多用此方法。

（2）加热消毒。盆土的加热消毒有蒸汽、炒土、高压加热等方法。只要80 °C连续加热30 min，就能杀死虫卵和杂草种子。如加热温度过高或时间过长，容易杀灭有益微生物，影响它的分解能力。

（3）药物消毒。药物消毒主要用5%甲醛溶液、5%高锰酸钾溶液。将配制的盆土摊在洁净地面上，每摊1层土就喷1遍药，最后用塑料薄膜覆盖严密，密封48 h后晾开，等气体挥发后再装土上盆。

5　生产管理

5.1　上　盆

上盆是将幼苗从苗床或育苗容器中移植到花盆的操作过程。上盆应做到：

（1）花盆大小（尺寸）要适当，小苗栽小盆，大苗栽大盆。

（2）根据花卉种类不同选用合适花盆。根系深者用深筒花盆，不耐水湿者用大水孔花盆。

（3）新瓦盆要“退火”后才能使用。“退火”即将新瓦盆先浸水，让瓦盆充分吸水的过程。

（4）旧盆要洗净、消毒。

（5）上盆时，幼苗栽植深度宜基本与幼苗上盆前的埋土深度相当。

上盆过程：瓦盆底平垫瓦片，塑料盆可视排水孔大小用窗纱或遮阳网等盖住排水孔（孔小时可不用），下铺 1 层粗粒河砂，再加入培养土，栽苗立中央，填土墩实，盆土加至高盆口约 2 ~ 3 cm，相当于盆高 1/5，留作水口。栽苗后用喷壶洒水或浸盆法供水（栽大苗时常要喷 2 次水），再放于庇荫处缓苗数日，待盆苗成活后，逐渐放于光照充足处。

5.2 换盆与翻盆

换盆是把逐渐长大的花卉幼苗从较小的花盆换栽到较大的花盆的过程。翻盆是把花卉脱出经修根后，栽于重换培养土的原花盆（或同样大小的新盆）中的过程。换盆（翻盆）一般多在春季出房后进行，如茉莉、扶桑、米兰、白兰花等。多年生花卉和木本花卉也可在秋季入房前进行换盆，如杜鹃、山茶、含笑、八仙花、天竺葵等。观叶植物宜在空气湿度较大的春夏季进行换盘。观花花卉除花期不宜换盆外，只要条件适宜，其他时间均可进行。

各类花卉盆栽过程均应换盆或翻盆。一、二年生草花从小苗至成苗一般应换盆 2 ~ 3 次，宿根、球根花卉成苗后 1 年换盆 1 次，木本花卉小苗每年换盆 1 次，木本花卉大苗 2 ~ 3 年换盆或翻盆 1 次。

换盆或翻盆过程：分开左手手指，按盆面花卉根茎部，将盆提起倒置，并以右手托盆边，将花卉带土球从盆内取出。如为宿根花卉，土球取出后，应将士团四周外围旧土去掉一部分，并剪除一些老根、枯根、病虫根和卷曲根，然后放在新盆内，填入培养土墩实；如为一、二年生花卉，土球可不加任何处理，即将原土球栽植；木本花卉则视种类而异，一些可将土球适当切除一部分，如棕榈宜剪除 1/3 老根，一些则不宜修剪，如橡皮树。换盆或翻盆后应立即浇水，第 1 次必须浇透，以后可视具体情况酌情减少。换盆或翻盆后应放置阴凉处养护，并增加空气湿度。

5.3 转　盆

转盆是在光线强弱不均的花场或日光温室中盆栽花卉时，经常转动花盆方位的过程。转盆可有效消除花卉向光性产生的不良影响，如枯叶、偏头等。

5.4 浇　水

浇水是温室栽培花卉管理中的重要环节。浇水次数、浇水时间和浇水量应根据花卉种类、不同生育阶段、自然气象因子、培养土性质等条件灵活掌握。蕨类植物、天南星科、秋海棠类等喜湿花卉应遵循“宁湿勿干”的浇水原则，多浇水。仙人掌科、多肉多浆等旱生花卉应遵循“宁干勿湿”的浇水原则，少浇水。进入休眠期时，浇水量应依花卉种类的不同而减少或停止；从休眠期转入生长期，浇水量可逐渐增加；生长旺盛时期，要适当多浇，开花期前和结实期少浇，盛花期适当多浇；疏松土壤多浇，黏重土壤少浇。夏季浇水以清晨和傍晚为宜，冬季以上午 10 时以后为宜。浇水时浇则浇透，避免形成“腰截水”（拦腰水）。依浇水方式不同可分为浇水、喷水、找水、放水、勒水、扣水等。浇水多用喷壶喷洒或水管淋浇盆土，要求渗透盆土。喷水是用喷壶或胶管喷枪对花卉进行全株或叶面喷水。喷水不仅可以降低温度，提高空气相对湿度，还可清洗叶面上的尘埃。一些生长缓慢的花卉或在遮阳棚内养护的树桩材料，以及热带、亚热带盆花以喷水为宜。找水是对个别缺水花卉进行单独浇水的方式。

寻找缺水盆花宜在中午 10—12 时左右进行。放水指在花卉生长旺季结合追肥加大浇水量。如像傍晚施肥后，次日清晨应再浇水 1 次。勒水是对水分过多的盆花停止浇水，并松盆土或脱出盆散发水分的措施。连阴久雨或平时浇水量过大时应勒水。扣水指少浇水或不浇水，通常在翻盆或换盆中修根较重时、花芽分化阶段及入房前后采用。

5.5 施　肥

施肥对温室盆栽花卉生长和发育至关重要。一般上盆及换盆时，常施以基肥，生长期间施以追肥。常用基肥主要有饼肥、牛粪、鸡粪、蹄片和羊角等，基肥施入量不应超过盆土总量的 1/5，用充分腐熟的有机基肥与培养土混合均匀施入。蹄片因分解较慢可放于盆底或盆土四周。追肥以薄肥勤施为原则，通常以沤制好的饼肥、矾肥水为主，也可用化肥或微量元素溶液追施或叶面喷施。叶面追肥时有机液肥的浓度不宜超过 5%，化肥的施用浓度一般不超过 0.3%，微量元素浓度不超过 0.05%。

施肥一般在每年花卉生长旺盛期和进入温室前进行，生长期，每隔 6 ~ 15 d 追肥 1 次。夏季伏天和冬季温室养护阶段，绝大多数种类处于半休眠状态，应少施或不施追肥。施肥宜在晴天傍晚为宜。施肥前应先松土，待盆土稍干后再施肥。施肥后，立即用水喷洒叶面（叶面追肥除外）。施肥后第二天务必浇 1 次水，但浇水量不宜过大。

盆栽花卉的用肥应合理均衡配施，否则易发生营养缺乏症。苗期主要以营养生长为主，需要氮肥较多；花芽分化和孕蕾阶段需要较多的磷肥和钾肥。观叶植物不能缺氮，观茎植物不能缺钾，观花和观果植物不能缺磷。

5.6 整　形

园林植物整形方式一般以自然形态为主，也可根据需要进行人工整形。自然式是利用植物的自然株形，稍加人工修整，使分枝布局更加合理美观；人工式则是人为对植物进行整形，使其按人的要求生长。

目前常见园林植物的树形有：

（1）单干式：只留一个主干，不留分枝。草本植物如独头大丽菊和标本菊等仅在主干预端开一朵花，如木本植物中的广玉兰和大叶女贞等。

（2）多干式：留数个主枝，每个枝干顶端开一朵花，如大丽花、多头菊、牡丹等。

（3）丛生式：通过植株自身分蘖或多次摘心，修剪，使之多发生侧枝，全株呈低矮丛生状，开花数多，如草本花卉和灌木花卉等。

（4）悬崖式：依花架或墙垣使全株枝条向一个方向伸展下垂，多用于小菊类品种或盆景的整形。

（5）攀缘式：多用于蔓生花卉，使枝条附着在墙壁上或缠绕在篱木上生长，如爬山虎和凌霄等。

（6）匍匐式：自然匍匐在地面生长，使其覆盖于地面或山石上，如蔓锦、铺地柏、旱金莲等；寒地果树有时也用匍匐形，冬季埋土防寒。

（7）支架式：通过人工牵引，使植物攀附于一定形状的支架上，形成透空花廊或花洞，多用于蔓生花卉如紫藤和金银花等。

（8）圆球式：通过多次摘心或修剪，使之形成稠密的侧枝，再对突出的侧枝进行短截，使整个树冠呈圆形或扁球形，如大叶黄杨和龙柏等。

（9）象形式：把整个植株修剪成或蟠扎成动物或建筑物形状，如圆柏和刺柏等。

其他还有很多形式，如伞形、塔形、圆锥形、垂枝形、倾斜式、水平式和曲干式等。

5.7 修 剪

（1）摘心打尖：用手摘去嫩枝顶部。其作用是促进侧芽萌发，调节花期。

（2）剪梢：用剪刀剪除已木质化的枝梢顶部。其主要作用是抑制新梢的延长生长，使枝条充实。

（3）剥芽（除芽）：用手剥除侧芽。其主要作用是促进顶芽生长，避免养分浪费。

（4）剥蕾（除蕾）：当侧蕾长至黄豆粒大小时，用手剥除侧蕾。其主要作用是促进顶蕾生长发育。

（5）摘叶：摘除植株上生长过密叶、黄叶、枯叶或病虫害叶。其主要作用是改善通风透光条件。

（6）剪枝：剪枝包括疏剪（疏删）和短截两种类型。疏剪指将枝条从基部完全剪除。疏剪的主要作用是减少分枝，疏除过密枝、细弱枝、病虫枝和枯枝，改善树冠内通风透光条件，减少养分消耗。短截指将枝条尖端剪去1/4～1/2。短截的主要作用是改变枝梢方向和角度，促进枝条强壮。短截时应充分了解植物的开花习性和注意留芽方向。当年生枝条上开花的花卉种类，如扶桑、倒挂金钟、三角梅等，应在春季修剪；一些在二年生枝条上开花的花卉种类，如山茶、杜鹃等宜在花后短截。欲使枝条向上生长，应留内侧芽；欲使枝条向外倾斜，应留外侧芽。修剪时应使剪口略微倾斜，剪口应在芽对面，距芽1～2 cm为宜。

（7）缩剪：亦称回缩，即在多年生枝上短截。由于修剪量较大，因此对母枝有较强的削弱作用，对剪口后部的枝条生长和潜伏芽的萌发有促进作用。缩剪常用于控制树冠和辅养枝、骨干枝和老树更新复壮上，同时改善树体的通风透光性。

（8）开张枝条角度：采用撑枝、拉枝、别枝等方法来加大枝条与地面垂直线的夹角，直至使之水平，下垂或向下弯曲，同时也可左右改变方向。其作用是缓和枝条的顶端优势，促进枝条中、下部芽的萌发，还可扩大树冠，改善光照条件。

（9）长放：又称甩放。一般不剪或只剪去梢尖成熟很差的部分，多将中庸枝、斜生枝和水平枝长放，其作用在于缓和枝梢生长势，积累较多养分，促进花芽形成，提早结果。

【项目实施】

任务1　君子兰盆花生产

1. 目的要求：熟悉君子兰盆花生产过程，掌握其育苗、上盆、换盆、生产管理等技术，能初步进行君子兰盆花生产。

2. 生产计划制订：根据客户购买数量、品种、交货时间、等级（生产中一般由买卖双方商定）、交易价格（购买合同或口头协议）等客户要求和市场需求，结合自身实际情况，制订生产计划。

3. 材料、用具：君子兰种子、花盆（瓦盆、瓷盆、塑料盆等）、马粪、泥炭、松针叶、河沙、喷壶、花铲等。

4. 习性：君子兰不耐寒，生长适温 15 ~ 25 °C。低于 10 °C 生长受抑制，低于 5 °C 停止生长，0 °C 以下受冻。喜湿润和半阴环境，忌夏季阳光直射。夏季高温，叶易徒长，叶片狭长，并抑制花芽形成，甚至处于半休眠状态。对土壤要求严格，以疏松、通气透水并富含腐殖质的土壤为好，尤以泥炭为最佳，忌盐碱，否则肉质须根容易腐烂。

5. 生产过程：

（1）育苗。君子兰可采用播种、分株育苗。规模化、工厂化商品盆花生产多采用播种育苗。每年 9—10 月，果实成熟后随采随播，亦可采收后储藏，择时播种。

（2）生产管理。

① 上盆。上盆时间宜在每年 3—4 月或 9—10 月。花盆以通透性好的泥瓦盆、陶盆、紫砂盆为宜，不宜选择通透性差的塑料盆、瓷盆。花盆大小、盆土配方随君子兰的不同生长阶段而有所变化，根据君子兰的生长阶段及生产实际进行。据生产经验，花盆规格及盆土配方可参考表 5-4。

表 5-4　花盆规格及盆土配方表

苗　龄	标准叶数（片）	马粪、泥炭（份）	松针叶（份）	河沙（份）	花盆规格（cm）
当年生	播种 ~ 1 叶	3	7	1	8 ~ 10
1 ~ 2 年生	3 ~ 6	5	4	1	10 ~ 20
3 年生	10 ~ 12	5	4	1	20 ~ 26
成　龄	13	5	4	1	大于 26

上盆后用喷壶浇透水，放置庇荫处缓苗数日，2 周后进行正常生产管理。

② 水分管理。君子兰浇水要适度，过多造成积水，引起严重缺氧，阻碍了正常的呼吸，导致君子兰根系腐烂甚至死亡；如水分过少，会引起叶片萎蔫甚至干枯，直至死亡。

③ 施肥。君子兰喜肥，但施肥过量会造成烂根。一般而言，换盆时施足底肥，日常管理中，每周施 1 次液肥，每隔 1 个月施 1 次固体肥料。常用的液肥是碎骨、豆类、芝麻、河虾等沤制的浓缩液。具体过程：清晨，将浓缩液按一定比例兑水稀释，小苗以肥和水 1 : 40 的比例为宜，大、中苗以 1 : 20 为宜，然后将稀释液肥沿盆边施入，施肥后及时浇 1 次水。常用的固体肥料主要是将各种油料种子，如芝麻、蓖麻籽等，用铁锅炒熟碾碎即可施用。也可施用腐熟发酵好的饼肥（豆饼、蓖麻籽饼）、骨粉等。具体操作：扒开盆土，根据君子兰生长状况将适量固体肥料埋入土中，深 2 cm。施肥量可参考表 5-5。

表 5-5　君子兰固体施肥用量

叶数（片）	施肥量（g）	备　注
1 ~ 5	30 ~ 40	施肥量因品种、植株长势等不同而有所差别。施肥时，不要使肥料直接接触根系，以免烧伤根系
15 ~ 20	40 ~ 50	
20	约 50	

此外，君子兰还可用0.1%磷酸二氢钾或0.5%过磷酸钙等进行叶面施肥，叶面施肥一年四季均可进行，具有补充营养、增强光合作用、降温等作用。

④ 温度管理。君子兰生长最适温度为15～25 °C，最低温度为10 °C，最高温度为30 °C，超过30 °C会进入半休眠，昼夜温差以8～12 °C为宜。

⑤ 越夏、越冬。君子兰喜凉爽和湿润环境，忌高温、夏季强光直射，夏季宜放置室外荫棚养护，必要时还需喷水降温。冬季气温低时，要保持6～10 °C才不致受冻。昼夜温差以8～10 °C为宜，室温以15 °C为适宜。

⑥ 病害防治。君子兰的病害主要有疫腐病、叶斑病、白绢病、细菌性软腐病、烂根病等。除采取土壤（基质）消毒、必要的栽培管理措施预防外，发病初期，可用25%甲霜灵、40%疫霉灵、58%甲霜灵锰锌、40%甲霜铜、64%杀毒矾、50%多菌灵、72%农用硫酸链霉素等药物进行防治。

6. 常见问题及处理：

实际生产中，盆栽君子兰经常出现“夹箭”现象。所谓“夹箭”现象是指花葶由假鳞茎抽出或第1次开花时不能抽出的现象。产生原因：① 干旱；② 温度过低；③ 缺肥；④ 叶片阻力等。处理措施：① 及时换盆，将板结盆土换成疏松培养土并浇水温为20～25 °C的温水；② 抽箭时保持在18 °C左右。③ 开花期保证营养充足；④ 克服叶片阻力，用绳子将向两侧分开并捆绑。

7. 注意事项：

（1）浇水时防止水淌进叶心，以免发生烂心病，导致“砍头”。

（2）盆栽君子兰要及时换盆，长期不换盆，盆土通透性变差、营养缺乏等，易导致根系生长不良、烂根生病甚至植株生长开花不良等。一般而言，1～2年换盆1次，换盆可结合分株进行。

（3）君子兰施肥应根据季节、生长发育阶段而变。一般而言，秋季宜多施氮肥，以利叶片的生长，冬春季宜多施磷肥、钾肥，以利于叶脉的形成和提高其亮度。

任务2　瓜叶菊盆花生产

1. 目的要求：熟悉瓜叶菊盆花生产过程，掌握其育苗、上盆、换盆、生产管理等技术，能初步进行瓜叶菊盆花生产。

2. 生产计划制订：根据客户购买数量、品种、交货时间、等级（生产中一般由买卖双方商定）、交易价格（购买合同或口头协议）等客户要求和市场需求，结合自身实际情况，制订生产计划。

3. 材料、用具：瓜叶菊种子、花盆（瓦盆、瓷盆、塑料盆等）、马粪、泥炭、松针叶、河沙、喷壶、花铲等。

4. 习性：喜温暖、凉爽气候，不耐寒，忌高温、强光，怕涝。生长适宜温度为10～20 °C；高于25 °C，低于10 °C，生长缓慢，高于30 °C，低于5 °C，生长受到抑制；0 °C以下极易受冻。

5. 生产过程：

（1）育苗。规模化、工厂化商品瓜叶菊盆花生产常采用苗床撒播育苗。当年 7 月至翌年 1 月均可播种，可以根据需要进行分期播种。根据不同的上市时间，选择不同的播种期（表 5-6）。播后保持温度 20 ~ 24 °C，湿度 95% 以上，3 ~ 5 d 出苗。

表 5-6　瓜叶菊播种、上市时间表

播种时间	上市时间	备　注
1 月	6 月	种子发芽时必须采用加温措施
7 月	12 月	种子发芽时必须采用降温措施
立秋后至 8 月中旬	元旦、春节	需采取降温措施
10 月	翌年 3—4 月	

（2）生产管理。

① 移植：播后 25 d 左右，当瓜叶菊长至 2 ~ 3 片真叶时，用 5 cm × 7 cm 营养袋移植 1 次。培养土可用腐叶土 3 份、壤土 2 份、河沙 1 份或腐叶土 4 份、素沙 1 份配制。移植后浇透水，置阴凉处缓苗。待幼苗成活后，正常肥水管理，一般 2 天浇水 1 次，每 10 ~ 15 d 施稀薄液肥 1 次。

② 上盆：当幼苗长至 6 ~ 7 片真叶时即可上盆定植，花盆直径 15 ~ 18 cm 为宜。培养土可用腐叶土 2 份、壤土 3 份、河沙 1 份配制，盆底可放入充分腐熟的豆饼、骨粉等作基肥。上盆后浇透水，置阴凉处缓苗。待幼苗成活后，正常肥水管理。

③ 温度管理：7 ~ 9 月份气温高，正午前后要遮阴降温，亦可地面洒水或叶面喷水降温。冬季气温较低时，尤其 5 °C 以下低温，应及时做好保温防冻。同时，要控制好昼夜温差，尤其是设施栽培。实践表明，设施湿度高、昼夜温差过大，容易导致徒长，降低抗寒性，更易受冻。

④ 水分管理：浇水以早上浇水、傍晚落干为宜。花芽分化前两周，应减少浇水，促进花芽分化。

⑤ 光照调节：瓜叶菊为阳性花卉，生长期要求光照充足，但夏季应避免强光直射。花芽形成后，长日照能促使其提早开花，增加人工光照能防止茎的伸长。

⑥ 施肥：瓜叶菊喜肥，除施足基肥外，要勤追肥。追肥以液肥为主，宜薄肥勤施。一般而言，每周施 2 ~ 3 次稀薄液肥。生长前期为营养生长阶段，以氮素为主，辅施以少量磷、钾肥，一般用充分腐熟的人粪尿或厩肥、饼肥浸出液，稀释后施用。生长中后期，进入生殖生长阶段，应逐步增加磷、钾数量。现蕾后，可适当根外施肥，用 0.2% ~ 0.3% 的磷酸二氢钾叶面喷施，每 2 周喷 1 次。

⑦ 摘心：当植株长至 5 ~ 6 片真叶时将顶芽摘除，留 3 ~ 4 个侧芽培育。

⑧ 病虫害防治：瓜叶菊的病害有灰霉病、茎腐病、白粉病、叶斑病，虫害主要有蚜虫、红蜘蛛。除采取必要的栽培管理措施预防外，发病初期，可用甲基托布津、吡虫啉、毒死蜱等药物进行防治。

项目六　切花生产

【知识目标】

☆了解切花的概念、生产栽培方式及切花生产的意义。

☆掌握常见切花的形态特征、习性、繁殖方法、栽培管理、切花采收保鲜等知识。

☆掌握常见切花贮藏、保鲜知识。

【技能目标】

★能进行常见切花的生产育苗、生产管理、采收等。

★能正确贮藏、保鲜常见切花。

【知识储备】

切花，系鲜切花的简称。随着花卉产业的发展，切花的需求量、消费量大幅度增加，切花生产规模愈来愈大，切花生产已成为部分地区花卉产业的支柱，如云南等地。

1　切花生产概述

1.1　概　念

所谓鲜切花，是指从植物上切取的具有观赏价值，常用于插花、花束制作等的花枝、叶、茎和果实等花卉材料，简称切花。从事规模化、标准化栽培，全年供应鲜切花的生产方式称为切花生产。

1.2　类　型

切花
- 切花：以花朵为主要观赏、应用部位的，如月季、非洲菊等。
- 切叶：以叶片为主要观赏、应用部位的，如肾蕨、鸢尾等。
- 切枝：以枝条为主要观赏、应用部位的，如富贵竹等。
- 切果：以果实为主要观赏、应用部位的，如南天竹、金橘等。

1.3　特　点

切花生产具有高投入、高产出，单位面积产量高，经济效益高，风险大等特点，市场前景好；但生产栽培规模化、技术标准化等要求愈来愈高。

1.4　栽培方式

切花生产栽培方式因气候、地域环境等有很大不同。从栽培设施看，切花生产栽培可分为露

地栽培和设施栽培。露地栽培切花具有季节性强，管理粗放，成本低等特点，主要分布在云南、海南等地；设施栽培具有高产、稳产、切花品质好、周年生产等特点，不受气候、地域等条件限制，全国均可。目前，设施栽培是我国切花生产的主要方式。从栽培基质看，切花生产栽培可分为常规土壤栽培和无土栽培。常规土壤栽培成本低、管理粗放，适宜中低档次切花生产；无土栽培具有清洁、高效、优质等优点，但生产成本高、管理难度大，适宜中高档切花生产。

2　繁　殖

从切花的植物性特性看，切花有宿根花卉、球根花卉、木本花卉等，不同种类的花卉繁殖方法亦不同。一般而言，切花生产繁殖方法主要有扦插、分球、组培等方法。宿根、木本花卉多采用扦插繁殖，如切花菊、切花月季；球根花卉多采用分球繁殖，如切花百合、切花唐菖蒲等。当然，切花的繁殖方法与生产栽培目的有关，如生产档次高、品种好的切花经常采用组培繁殖。

3　生产管理

切花生产与普通花卉生产不同，生产管理内容、措施亦有差别。目前，从我国切花生产实际看，切花生产管理主要包括温度、水分、光照、pH、施肥、拉网等管理。

4　切花运输、贮藏

由于切花的采收、上市时间相对集中，切花采收后，要及时上市销售或贮藏，以保证切花质量。

4.1　运　输

切花运输一般通过航空、铁路、公路等系统进行运输。实际生产中，根据切花运输目的、切花种类、距离远近、时间等因素采用适宜的运输工具。长距离运输，多采用空运，如昆明切花运往北京、上海等地；中、短距离运输，可采用铁路或公路运输。

切花运输与一般花卉产品运输不同，对运输过程中的环境控制要求比较严格，尤其是长时间公路运输。环境控制主要包括温度、光照、湿度、气体等因子的控制，可采用快速预冷等方法降低切花花材自身温度，通过冷藏车控制车厢环境温度；湿度一般控制在95%～98%，避光，同时，控制乙烯浓度。

4.2　贮　藏

实际生产中，切花由于价格、销售等原因常需要进行贮藏，切花贮藏技术主要包括常规冷藏、气调贮藏（CAS）、低压贮藏（IPS）等。不同的贮藏技术，成本亦不同，一般而言，常规冷藏成本最低，气调贮藏、低压贮藏成本较高。生产中，根据切花种类、档次、质量等选择适宜的贮藏技术。常规冷藏技术包括干藏法和湿藏法两种方法，常规冷藏的商业贮藏温度一般控制在 4 °C，适用于大部分常用切花（叶），低温敏感的热带切花（叶）除外。气调贮藏主要是调控空气成分，提高 CO_2 含量，降低 O_2 含量，降低切花的呼吸作用，抑制乙烯产生。低压贮藏主要是减压低温，清除乙烯，降低 O_2 含量，降低有氧呼吸与代谢。低压贮藏的气压一般控制在 5.3 ~ 8.0 Pa，O_2 含量 0.5% ~ 1.0%，CO_2 含量 0.35% ~ 1.0%。同时，贮藏期间，要注意温度、通风等管理，做好病虫害防治工作。

5 切花保鲜

切花保鲜是指切花采收后，用低温冷藏或用保鲜剂来延长切花寿命的方法，是切花采收后预处理、贮藏、运输、冷藏、上架销售等环节的保鲜措施的统称。切花保鲜是切花生产和销售的重要环节，随着切花产业和现代物流业的发展，切花保鲜愈来愈重要。

5.1 衰老机理、表现

切花采收后，脱离母株，其生理变化发生根本改变，生理过程进入衰老阶段，水分生理、呼吸作用等主要生理生化过程发生变化，主要表现在：① 水分平衡被打破，造成水分失衡；② 营养供应不足，呼吸作用增强，细胞成分、花色素、叶绿素等加速降解；③ 植物激素如 CTK、IAA、ABA、GA、乙烯等的含量发生变化，乙烯含量升高，加快切花衰老进程。根据切花对乙烯敏感程度不同，将切花分为以下两种类型。

切花
- 乙烯敏感型：香石竹、百合、一品红、月季等。
- 乙烯不敏感型：郁金香、菊花、非洲菊、花烛等。

切花的内在生理衰老的外在表现是切花形态发生变化，主要表现为：① 叶片、花朵失水萎蔫、退色等；② 茎干枯；③ 花瓣脱落等。

5.2 切花寿命

影响切花寿命的主要因素：① 切花种类、品种、质量。不同种类的切花，其寿命差别很大，如室温条件下，短的 5 ~ 7 d，如切花月季；长的可达 2 周，如红掌、鹤望兰等，而勿忘我、情人草、银芽柳等则可达半年。同种不同品种瓶插寿命差别也大，如香石竹，有的品种 7 d 左右，有的品种可达 15 d。切花枝条粗壮、叶厚等质量好的切花，其寿命要长些。② 温度。环境温度越高，切花寿命越短。③ 空气湿度。适宜的空气湿度，有利于延长切花的寿命。④ 光照。一般而言，光照会促进切花衰老，但适宜的光照强度可延长少数切花的寿命，如切花百合、切花、菊花等，500 ~ 1 000 lx 光照可有效克服其叶黄现象。

5.3　切花提早萎蔫及处理

目前，切花经常发生提早萎蔫，有效克服切花提早萎蔫，对从事切花销售具有重要意义。一般而言，切花提早萎蔫的主要原因：① 切花因切离母株而失去根压，吸水困难；② 空气自切口进入导管形成气泡，导致水柱中断；③ 植物组织的汁液外溢，堵塞切口；④ 切口腐败，不能正常吸水；⑤ 营养缺乏。

针对鲜切花提早萎蔫的现象，可采取以下处理方法：① 水中切取：将花枝放在盛满水的容器中进行切取，此法不适用具乳汁及多浆花卉。② 扩大切口：茎基斜剪或将切口纵劈，嵌入石粒撑开。③ 浸烫、灼烧：浸烫是将切花茎基置于沸水中数十秒，一般适用于草本；灼烧是将茎基火烧至枯焦，使用于具乳汁及多浆花卉。木本用火烧。④ 人工去雄：及早去雄适用于雄少，花药大，去雄容易的花卉，如百合、朱顶红等。⑤ 其他措施：剥去侧蕾。

5.4　保鲜液

实际生产中，切花保鲜常采用保鲜液。保鲜液的主要组成成分是水和糖，因保鲜剂配方不同有所差异。

5.4.1　水

常用蒸馏水、去离子水、过滤水等配制保鲜液，若使用蒸馏水和去离子水可增强瓶插耐久性。微孔滤膜过滤水可清除气泡，减轻导管中空气堵塞，有利于切花吸水。

5.4.2　糖　类

糖类物质可作为切花所需的营养来源，具有调节水分平衡和渗透势，保持花色鲜艳的作用。常用糖类物质有蔗糖、果糖和葡萄糖。糖的适宜浓度因处理目的和切花种类而异。一般而言，短时间浸泡处理所用的预处理液，糖浓度相对较高；长时间连续处理所用的瓶插液浓度相对较低；催花液介于二者之间。如满天星预处理用 5% 以上的蔗糖，瓶插处理则用 2% 以下的糖，月季预处理需 1.5% 以上的糖，瓶插液需 1.5% 以下或不加。

5.4.3　杀菌剂

保鲜剂配方中都至少含有一种具有杀菌力的化合物。常见的有：

（1）8-羟基喹啉。属广谱型杀菌剂，还可以降低水的 pH，防止导管堵塞，促进花枝吸水，降低蒸腾，抑制乙烯生成。常用的有 8-羟基喹啉硫酸盐和 8-羟基喹啉柠檬酸盐，使用浓度为 200 ~ 600 mg/L。

（2）噻苯达唑。属广谱型杀菌剂，使用浓度为 300 mg/L，在水中溶解度很低，可用乙醇等溶解，可以延缓乙烯释放，降低切花对乙烯的敏感性。

此外，季胺化合物亦可作为杀菌剂，尤其在自来水或硬水中使用更为广泛，比 8-羟基喹啉更稳定、持久。此类化合物有正烷基二甲苄基氯化氨、月桂基二甲苄基氯化氨等，使用浓度为 5 ~ 300 mg/L。

5.4.4 表面活性剂

表面活性剂可促进花材吸收水分。常用高级醇类和聚氧乙烯月桂醚，使用浓度为0.05%～1%。

5.4.5 植物生长调节剂

通过调节激素之间的平衡，达到延缓衰老的目的。常用的有：

（1）细胞分裂素。常用6-苄基腺嘌呤。主要功能：可以防止茎叶黄化，促进花材吸水，抑制乙烯作用。使用浓度10～100 mg/L。

（2）赤霉素 单独使用效果不明显，常与其他药剂一起使用，主要用于催花剂，亦可保持叶片颜色鲜绿，使用浓度20～200 mg/L。

（3）脱落酸。主要功能：进气孔关闭，抑制蒸腾失水。使用浓度要严格控制，通常为1～10 mg/L。

5.4.6 金属离子和可溶性无机盐

（1）银。作为乙烯抑制剂和杀菌剂被广泛应用。通常有硝酸银、醋酸银（短时预处理500～1 000 mg/L，瓶插10～50 mg/L和硫代硫酸银（STS）。但硝酸银容易被光氧化形成黑色沉淀物质，又容易与水中的氯离子形成氯化银沉淀，不易运送至花枝顶部，且有毒性。而银的阴离子复合物硫代硫酸银，毒性低、移动性强，在实践中常被广泛使用。

（2）铝。可降低溶液pH，抑制菌类繁殖，促进花材吸水，常用硫酸铝（50～100 mg/L）。

5.5 切花保鲜新技术

5.5.1 硅窗气调保鲜

此方法是通过调节贮藏环境中的气体成分，以达到延长切花保鲜的目的。硅窗气调法就是利用硅橡胶对CO_2和O_2具有选择透性的特点，用硅橡胶嵌在包裹切花的聚乙烯薄膜袋上，成为硅窗气调袋。抑制高CO_2的释放，提高切花的贮藏时间。若气调结合低温贮藏，保鲜的效果则更佳。

5.5.2 植物基因工程保鲜

现代基因工程技术将从基因层面延缓鲜花的衰老进程，主要是控制乙烯的生成与释放。美国科学家已分离获得与康乃馨切花衰老有关的编码，利用反义RNA就能有效地阻碍内源乙烯的生物合成，从而抑制花瓣衰老。

【项目实施】

任务1 切花百合生产

1. 生产计划制订：根据客户购买数量、交货时间、切花质量、等级、交易价格（购买合同或口头协议）等客户要求或市场需要，结合自身实际情况，制订生产计划。

切花百合

2. 工具与材料准备：百合鳞茎、腐熟的牲畜粪肥、氮肥、磷肥、钾肥、铁锹、枝剪、浇水壶等。

3. 习性：喜半阴环境，耐寒，忌水淹。生长适温 15 ~ 25 °C，低于 10 °C 或高于 30 °C 均生长不良。喜富含腐殖质的微酸性土壤。

4. 生产过程：

（1）种植床准备。选地势高燥、排水良好、土质疏松、富含腐殖质、土层深厚的微酸性土壤。在种植前 6 周，可用蒸汽或敌克松、辛硫磷等杀菌杀虫剂进行土壤消毒。

（2）种植。种植前土壤应充分浇水，开沟种植，沟深 15 cm 左右，株距 15 cm。

（3）生产管理。

① 肥水管理。切花百合需肥量大，百合鳞茎发芽出土后要及时追肥，可施 N：P：K（质量比）为 5：10：5 的复合肥，每次施 30 g 左右。生长期间每追施硫酸铵 15 g，过磷酸钙 45 g，硫酸钾 15 g，可兑水追施，必要时可进行叶面喷肥。百合属浅根性植物，宜采用喷滴灌控制系统进行浇水。浇水可根据土壤种类、生长发育阶段进行。

② 光照管理。百合喜半阴，强光直射不利于其生长，导致切花品质下降。春夏光照强时，可用 50% 遮阳网遮阳处理。但秋冬季光照不足，尤其是设施生产百合切花时，应除去遮阳网，适当补充光照。

③ 通风。切花百合多在设施内进行生产，通风不良易引起病虫害的发生等。一般采用强制通风结合自然通风，强制通风利用风机等，开窗进行自然通风。

④ 拉网。切花百合株型高、花大，为提高切花品质，常采用拉网防止茎秆弯曲等。整个生长期，需 1 ~ 2 层尼龙网，层间距因品种有所差异。

⑤ 切花采收。当第一朵花蕾充分膨胀并着色时采收最合适。但如果采收的花茎有 10 个以上的花蕾，则必须有 3 个花蕾着色后再采收。剪取花枝时，为保证鳞茎继续生长，地面以上植株应保留 10 cm 以上和部分叶片，如果剪去地上全部枝叶，鳞茎将休眠或坏死。

5. 常见生产问题及处理：

切花百合生产中，因品种、生产管理不当等易出现“盲花”现象。所谓百合“盲花”是指百合在栽培过程中的现蕾期间所有花芽发育失败萎缩，导致不能正常开花的现象。

“盲花”产生的原因主要有：① 百合切花品种；② 种鳞茎的选择或春化阶段冷藏不当；③ 栽培管理措施不当，如温度不适宜，光照不足，土壤暴干暴湿等。

处理措施：① 选择抗性强的亚洲百合系列品种；② 种鳞茎宜选择周径在 12 cm 以上、鳞片数目多、饱满充实的无病虫害鳞茎。种鳞茎经过春化阶段（5 °C 处理 4 ~ 6 周）后应及时种植，不宜再贮藏；③ 调控生产环境，主要包括温度、光照、水分等。生长前期给予适当的低温，如亚洲百合生长前期要保持 18 °C，夜间适温 10 °C，土温 12 ~ 15 °C；花芽分化后，适当升高温度，白天 23 ~ 25 °C，夜间 12 °C。百合喜光，保证光照充足，尤其在冬季每天需增加 8 h 光照。生长前期百合需水较多，开花时适当减少水分，水分过多易造成百合鳞茎腐烂、落蕾，同时，防止土壤暴干暴湿。百合喜空气湿润，需稳定适宜的空气相对湿度，最适相对湿度为 80%～85%，空气湿度变化太大，易造成百合“烧叶”现象，导致“盲花”现象发生。

任务 2　切花月季生产

1. 生产计划制订：根据客户购买数量、交货时间、切花质量、等级、交易价格（购买合同或口头协议）等客户要求或市场需要，结合自身实际情况，制订生产计划。

2. 工具与材料准备：月季成品种苗、腐熟的牲畜粪肥、氮肥、磷肥、钾肥、铁锹、枝剪、浇水壶等。

3. 习性：喜光，耐寒，一般能耐 -15 °C，适应性强。生长适温 15～25 °C，30 °C 以上生长不良，5 °C 以下休眠。喜肥沃、土质疏松的微酸性土壤，最适宜的 pH 范围为 6～6.5，最适空气湿度为 75%～80%。

4. 生产过程：

（1）整地作畦：深耕 35～40 cm，施足基肥。一般而言，一个标准大棚（180 m^2）施堆肥 1 200～1 500 kg，堆肥以猪粪为主，加入骨粉 100 kg、过磷酸钙 40 kg、砻糠 50 kg。南方作高畦，北方作平畦，畦宽 80 cm，畦高 20～25 cm，沟宽 60 cm。

（2）栽植。春季栽植时间一般在 2—3 月，采用双行栽植，株行距（20～30）cm×（20～30）cm，栽植密度 6～9 株/m^2。选生长健壮、无病虫害、顶芽饱满的植株留基部 15 cm 左右，修剪后栽植，栽植深度与原栽植深度一致或略深。

（3）肥水管理。栽植成活后，可在萌芽前施 1 次稀薄液肥。切花月季施肥遵循“薄肥勤施”原则，生长期间，每月追肥 1 次，平均每次施复合肥 0.1～0.15 kg。浇水坚持“不干不浇，浇则浇透”的原则，浇水时间宜选择清晨或黄昏。浇水次数、浇水量根据气候、生长发育阶段、长势等灵活掌握，以保持根部土壤湿润为宜。

（4）整形修剪。切花，冬季宜重剪，基部 3～6 cm 以上全部剪除，每株保留 10 个左右芽眼。月季萌芽力强，生长期及时去除萌芽，减少养分消耗。为保证切花品质，应及时摘蕾，每株保留。

（5）切花采收。切花采收成熟度与季节、品种、市场远近等因素有关。采收时间一般在清晨或傍晚。花枝剪取长度，根据国家切花月季质量标准，结合切花月季实际生长状况确定。

【职业技能考核】

序号	考核内容	具体项目、要求	配分	评分主要指标
1	切花种类识别	正确识别 20 种常见切花	30	种名、科属识别正确率
2	切花拉网	百合切花拉网	20	拉网方法、速度、间距等
3	切花保鲜	切花香石竹冷藏保鲜	30	贮藏温度、保鲜效果等
4	常见问题处理	百合“盲花”处理	20	处理措施、效果
合　计			100	

项目七　水培花卉生产与鉴赏

【知识目标】

☆了解水培花卉生产的意义。

☆掌握水培花卉繁殖方法。

☆掌握水培花卉生产管护技术。

【技能目标】

★能进行常见水培花卉生产培育。

★能对常用水培花卉作品养护管理。

【知识储备】

近几年，随着经济的发展，人民生活水平不断提高，人们的生活观念、方式都发生了深刻变化，从单纯追求数量型转向数量质量兼顾型。作为提高人们生活水平和质量的商品花卉也随之发生重大转变，花卉新品种、新类型不断涌现。在这样背景下，水培花卉应运而生。

1　水培花卉概述

1.1　水培花卉

水培花卉是利用营养液进行栽培的一类花卉。我国水培花卉栽培技术已相当成熟。目前，市场上主要有两种类型水培花卉，一类是水培型水培花卉，此类水培花卉主要观花、观叶、观根；另一类是花鱼共养型水培花卉，即在水培花卉的同时进行养鱼，既可观花、观叶、观根，又可赏鱼，从而达到动植物和谐共存的效果。

粉　掌

1.2　水培花卉特点

（1）干净、整洁、环保、无污染。水培花卉采用营养液代替土壤，比传统盆栽花卉干净、整洁。同时添加营养液代替传统盆花施肥，避免了传统施肥技术因肥料挥发产生异味，使整个空间空气更清新。

（2）观赏价值高。传统盆栽花卉只能欣赏花卉的地上部分即茎、叶、花、果等，而水培花卉不仅能观赏花卉地上部分，而且还能观赏花卉地下部分即根系。如果是花鱼共养型水培花卉还可赏鱼，别有一番乐趣。

（3）栽培管理简单易行，省时省工。水培花卉把人们从传统养花的繁琐栽培管理中释放出来，使肥水管理更加简单。若需肥水，只需添加或更换一定营养液即可。

（4）高雅、美观、装饰性强。随着人们生活水平的提高，人们对室内装饰的要求也越来越高。水培花卉改变了传统盆栽花卉用盆的不透明性，使人们可以随心所欲地选择各型号，各种形状的透明花盆，如玻璃花瓶等，使花卉整体更具装饰性。

2 适宜水培的花卉种类

目前，适宜水培的花卉种类主要是多年生花卉，包括三类：

（1）木本花卉：发财树、巴西木、桂花、南洋杉等。

（2）草本花卉：君子兰、凤梨、非洲菊等。

（3）球根花卉：郁金香、风信子、水仙、仙客来等。

3 水培花卉培育过程

以花鱼共养型水培花卉为例介绍水培花卉培育过程。花鱼共养型水培花卉是以传统盆花栽培为基础，经过去土、清水洗根、消毒、驯化液处理等过程培育而成。步骤如下：

3.1 传统土培盆花选择

选择生长健壮、根系发达、观赏价值较高的土培花卉作为水培花卉的材料。

3.2 人工去土

将土培花卉从花盆中取出，去掉花卉根系所附着的土壤。人工去土时，一定要轻抖，尤其对根系细弱或根再生能力差的花卉，避免损伤根系。若盆土过干，应在人工去土前1～2 d浇透水1次。

3.3 清水洗根

将人工去土后的花卉根系放入清水清洗，若根系仍附着有少量土壤，宜用软毛刷如毛笔等进行清洗，直到根系干净。

3.4 消　毒

花卉根系洗净后，用消过毒的剪刀进行修根，剪去病根、枯根，后放入0.05%～0.3%的高锰酸钾溶液中消毒10 min。

3.5 驯　化

将消毒后的花卉根系放入 NAA 驯化液中驯化 20 min，改变根系结构，使其适应水培环境。培育过程如下：

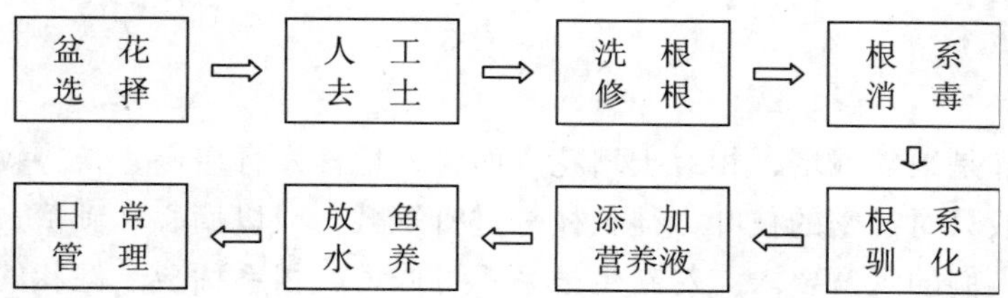

4 养护管理

水培花卉养护管理主要包括温度、湿度、光照、通风、pH 的调控管理。

4.1 温度管理

一般而言，大多数水培花卉适宜的生长温度为 10 ~ 30 °C。

4.2 通　风

对于设施内栽培的水培花卉，通风是非常重要的。通风的方式有自然通风和强制通风。自然通风是以空气自然运动而形成的空气流通。强制通风是利用机械力量，如排风扇、换风扇等进行室内外空气置换。采用哪种通风方式宜根据具体栽培环境和条件而定。

4.3 湿　度

水培花卉的空气相对湿度一般宜保持在 70% ~ 80%，湿度过高过低都不利于水培花卉生长，同时易导致病虫害发生。

4.4 光　照

根据水培花卉的习性来确定光照条件，喜阴的水培花卉，如君子兰、南洋杉等采用遮阳网遮阴；喜阳的水培花卉，如变叶木、水仙等宜保证光照。

4.5 pH、营养液浓度

水培营养液的最佳 pH 为 5.5 ~ 6.5。营养液 pH 应定期检测确保其 pH 适宜，若不适宜应进行调整。总盐分浓度宜在 4.5% 以下，以保证鱼的生存要求。

4.6 换　水

夏季 5 ~ 7 d 换水 1 次，若水质清纯洁净，植株和鱼生长良好，亦可 20 d 左右换水 1 次。

4.7 喂 食

水培环境条件下，应根据鱼的习性合理喂食，一般而言，2～4天喂食1次，每次喂食量不宜过多，过多易引起鱼腹膨大，降低观赏价值甚至死亡。

4.8 整形修剪

家庭水培花卉是缺氧栽培，相对土培花卉而言，植株发育缓慢，长势较弱。为了保持植株株型美观，一般只对过密的枝叶、徒长枝等进行短截，或以摘心、剥蕾、抹芽等技术控制其长势，以达到人们的观赏要求。对新生根系不可修剪，根系稀疏、健壮的花卉如兜兰、凤梨等，不宜对根作修剪。

4.9 病虫害防治

水培花卉虽然摆脱了土壤病虫的侵染，但空气和营养液中的真菌、细菌、病毒仍可侵染花卉和鱼的生长。因此，病虫害防治仍是一项重要的管理措施。针对水培花卉的病虫害，应以“预防为主、综合防治”的方针为指导，重在预防。平时养护管理中，注意调节环境因子如温度湿度、光照等来避免病虫害的发生。一旦发生病虫害，针对水培花卉放置环境的特殊性，一般不宜使用化学农药，宜用人工捕虫、生物农药等进行防治，以避免化学农药对人的口腔、呼吸道等产生不良影响。

【项目实施】

任务 仙人球水培

1. 生产计划制订：根据客户购买数量、交货时间、质量、等级（生产中一般由买卖双方商定）、交易价格（购买合同或口头协议）等客户要求，结合自身实际情况，制订生产计划。

2. 水培类型：花鱼共养型。

3. 工具与材料准备：仙人球、高压喷枪、透明玻璃花瓶、枝剪等。

4. 操作过程：

（1）选择水培仙人球。选择生长健壮、无病虫害的仙人球。

（2）水培仙人球处理。用高压喷枪把仙人球根茎部的泥土冲洗干净，剪除仙人球体的土生根系，要求剪口平整。置干燥处晾晒，使切口完全干燥。

（3）仙人球水生根系诱变。将处理好的仙人球放在诱变池进行水生根系诱变，然后在催根苗床进行催根。

（4）水培仙人球作品制作。选择适宜的透明玻璃花瓶，装入无氨配方的营养液，水位不超过花瓶容量的1/3，在花瓶底部放置两块直径为6～10 cm的磁铁，然后将金鱼放进营养液中，最后将已完全适应水生环境的仙人球从催根苗床取出装瓶。

（5）生产管理：

① 温度管理。适宜的环境温度有利于水培仙人球的正常生长，一般而言，水培仙人球最适宜生长温度为 5～30 °C。

② 光照管理。水培仙人球的光照以散射光为主，适宜的光照条件有利于观赏价值的提高。夏季应尽量避免阳光直射。

③ 水分管理。水培仙人球的水分管理包括换水和保湿。换水因季节而变，一般而言，夏季 7 d 左右换 1 次水、冬季 10～15 d 左右换 1 次水。每次换水，水深以淹没根系的 1/2～2/3 为宜。保湿一般采用清水喷洒叶面，防止叶片干枯。

④ 营养管理。为保证水培仙人球正常生长，要及时补充营养。营养管理包括更换营养液和叶面施肥。更换营养液结合换水进行。换水时，加入数滴水培花卉专用营养液即可（营养液浓度按说明书要求配制）。叶面施肥最好每周喷施 1 次，既能为叶片提供营养、增加叶面光泽，冬季还能提高抵抗低温的能力。

⑤ 清洗花卉根部。花卉水培的器皿易生长青苔，影响根系的生长和观赏效果。换水时，应先用清水洗去花卉根部黏液，剪除老根、烂根，并将器皿和根系上的青苔洗刷干净。

5. 注意事项：

（1）水培的仙人球宜选择球体健壮、球体下部根茎向下突出的植株。种类宜选择三棱箭嫁接栽培的仙人球。

（2）仙人球在苗床催根时对水分的要求较为苛刻，注意保持苗床适量水分。过多易腐烂，过少影响催根的效果。

项目八 中国十大名花生产与鉴赏

01 牡丹——花中之王

【牡丹名片】 别名木芍药、白两金、富贵花、鼠姑、白术、国色、天香、花王、谷雨花、洛阳花等，芍药科，芍药属。

牡 丹

【历史档案】 秦汉时牡丹开始入药（《神农本草经》），隋代进入皇家园林——洛阳西苑。唐、明、清三代被封为“国花”，至今北京极乐寺、颐和园仁寿殿仍留有为牡丹所建的“国花堂”和“国花台”，且有“清代牡丹冠京华”之说。中国牡丹在公元 7 世纪传入韩国，8 世纪传入日本，17 世纪传入欧洲，19 世纪传入美国。

【形态特征】 牡丹为多年生落叶小灌木，生长缓慢，株型小，株高多在 0.5 ~ 2 m；根肉质，粗而长，中心木质化，长度一般在 0.5 ~ 0.8 m，极少数根长度可达 2 m；根皮和根肉的色泽因品种而异；枝干直立而脆，圆形，从根茎处丛生数枝而成灌木状，当年生枝光滑，草木，黄褐色，常开裂而剥落；叶互生，叶片通常为二回三出复叶，枝上部常为单叶，小叶片有披针、卵圆、椭圆等形状，顶生小叶常为 2 ~ 3 裂，叶上面深绿色或黄绿色，下面为灰绿色，光滑或有毛；总叶柄长 8 ~ 20 cm，表面有凹槽；花单生于当年枝顶，两性，花大色艳，形美多姿，花径 10 ~ 30 cm；花的颜色有白、黄、粉、红、紫红、紫、墨紫（黑）、雪青（粉蓝）、绿、复色十大色；雄雌蕊常有瓣化现象，花瓣自然增多和雄、雌蕊瓣化的程度与品种、栽培环境条件、生长年限等有关；正常花的雄蕊多数，结籽力强，种籽成熟度也高，雌蕊瓣化严重的花，结籽少而不实或不结籽，完全花雄蕊离生，心皮一般 5 枚，少有 8 枚，各有瓶状子房一室，边缘胎座，多数胚珠，骨果五角，每一果角结籽 7 ~ 13 粒，种籽类圆形，成熟时为共黄色，老时变成黑褐色，成熟种子直径 0.6 ~ 0.9 cm，千粒重约 400 g。

【分类品种】 牡丹共有中原牡丹品种群、西北牡丹品种群、江南牡丹品种群、西南牡丹品种群等 4 个栽培品种群。主要分类方法：按株型可分为直立型、开展型和半开张型；按芽型可分为圆芽型、狭芽型、鹰嘴型和露嘴型；按分枝习性可分为单枝型和丛枝型；按花色可分白、黄、粉、红、紫、墨紫（黑）、雪青（粉蓝）、绿和复色；按花期可分为早花型、中花型、晚花型和秋冬型（有些品种有二次开花的习性，春天开花后，秋冬可再次自然开花，即称为秋冬型）；按花型可分为系、类、组型四级。4 个系即牡丹系、紫斑牡丹系、黄牡丹系和紫牡丹系；2 个类即单花类和台阁花类；2 个组即千层组和楼子组；组以下根据花的形状分为若干型，如单瓣型、荷花型、托桂型、皇冠型等。根系肉质强大，少分枝和须根。株高 1 ~ 3 m，可达 2 m，老茎灰褐色，当年生枝黄褐色。二回三出羽状复叶，互生。花单生茎顶，花径 10 ~ 30 cm，花色有白、黄、粉、红、紫及复色，有单瓣、复瓣、重瓣和台阁型花。

【生态习性】　原产中国。喜温暖凉爽气候，性较耐寒，可耐 −30 °C 的低温，不耐湿热。喜光，亦稍耐阴，忌夏季烈日暴晒。在年降水量 500 ~ 1 000 mm，空气相对湿度 50% ~ 75% 的地区生长最好。要求疏松、肥沃、排水良好的中性壤土或沙壤土，忌黏重土壤或低洼积水处栽植。对各种有害气体反应敏感。全国均能栽培，以黄河流域、江淮流域栽培为主，尤以河南洛阳、山东菏泽为主要生产基地、良种繁育基地和观赏中心。每年 4 月 10 日—25 日举办牡丹花展。

【生产育苗】　生产中主要采用分株、嫁接、播种育苗，亦可组培、扦插、压条。

（1）播种育苗。适合大批生产砧木，也可进行人工杂交，许多品种如种生红、种生黄、种生粉就是这种方式繁殖的。

① 种子采收。成熟期因产地、品种不同有早有晚，应分批采收。黄河下游一带，种子成熟期为大暑至立秋，黄河上游一带为 8 月中下旬到 9 月上旬，而在长江流域的安徽铜陵一带为 7 月下旬。种子采收要适时，不可过早或过迟。采收过早不成熟，易霉烂，采收过迟种子变黑变硬，影响出苗。铜陵的药农在种子采收方面的经验是，三年摘、四年看、五六年养、七年选。

② 种子处理。主要有浸种、拌种、催芽等。

③ 播种。

a. 时间与方法。种子成熟后应立即播种，播种越迟发芽率越低，黄河中下游一般选在处暑后白露前，若播种过迟，当年发根少，翌年春季出苗不旺。利用种子繁殖，其出苗率为 60% ~ 80%，高者可达 90% 以上。条播或撒播：种子量多时，可露地开沟或筑畦进行条播或撒播，撒播用种量每 667 m^2 为 50 kg。播种地的地势要高敞，土质要求疏松肥沃，排水良好。播种之前需整地，施足底肥，每 667 m^2 施入充分腐熟的混合肥或饼肥 250 ~ 400 kg，撒入田后深翻 18 ~ 20 cm，然后耙平。播种前一个月把地整好。箱播或盆播：适于种子数量少时，播种深度为 2 ~ 3 cm，覆土后把播种箱或盆埋入土中，其上再覆土封成土丘过冬。翌年春暖后拔去过冬覆土，任其生长。畦播：菏泽地区用小高畦进行播种育苗，效果甚好。繁育速度和增产效果十分明显。

b. 播后管理。① 牡丹播种后 35 ~ 40 d 开始生根，播种苗要 2 年后才可进行移植，移栽后再经过 2 ~ 3 年的培育开始开花。如播种后不经移植，生长 4 年方可开花。而大量开花则需经过 5 ~ 6 年的培育。植株大量开花时可进行选种，选出优良单株。② 苗期管理：浇过冬水，浇催芽水，中耕、除草、施肥，5 月底、6 月初如遇干旱应 7 ~ 10 d 浇 1 次水并施肥。浇水和降雨后应及时松土除草、保墒。③ 及时进行病虫害防治。

（2）分株繁殖。

① 选择母株。选择生长旺盛、品种纯正、枝叶繁茂的 4 ~ 5 株生殖株做母株。一般隔 4 ~ 5 年可挖起母本分栽 1 次。作为分株繁殖之母株，应多留跟孽，供分株繁殖。分株时间宜秋不宜春，“春分分牡丹到老不开花”。

② 分株过程。距离母株 50 ~ 60 cm 处，用铁锹从四周向下直挖，尽量少伤根。注意多留须根。经晾晒 1 ~ 2 d，使根部失水变软后再进行分株。分株时，先观察母株根部生长纹理筋脉，顺势用双手掰开。为避免病菌侵入，伤口应立即用 1% 硫酸铜或 400 倍多菌灵或高锰酸钾溶液浸泡，然后用硫黄粉末与细土加水混成泥浆涂之。一般 4 ~ 5 年生的母株可分出 3 ~ 5 苗，每苗需带有 3 ~ 5 个枝条和一部分新根。为了保持根干相称，分株苗还得进行修根剪干工作。

（3）嫁接繁殖。生产常采用根接法、枝接法、芽接法。嫁接多以芍药根和牡丹根为砧木。

① 砧木处理。选 2 ~ 3 年生芍药根为砧木，立秋前后先挖出来阴干 2 ~ 3 d，待根稍变软

后取下带有须根的一段截成 10 ~ 15 cm。

② 接穗处理。选牡丹当年生短枝作接穗，截成长 3 ~ 5 cm 一段，每段接穗上要有 1 ~ 2 个充实饱满的侧芽，将基部 2 ~ 3 cm 削成楔形。

③ 接合。将处理好的接穗嵌接于 15 ~ 20 cm 长的芍药根上，用麻皮缠紧，抹上泥巴进行栽植。

④ 嫁接后的管理。嫁接苗应挖沟栽植，其株距 10 ~ 15 cm、行距 30 ~ 40 cm，栽后培上土埂，以接穗不露出土为宜。

【生产栽培】

露地栽培。

（1）栽植。牡丹栽植应选择土层深厚、疏松肥沃、背风向阳、排水良好、地势高燥的沙质中性土壤，土壤 pH 在 6.5 ~ 7.0 为宜，切忌在生土、盐碱土、黏土和涝洼地上种植牡丹。

牡丹栽培季节以农历 8 月最宜，常结合分株进行，亦可春植。栽植深度以根、茎交接处齐土面为宜，栽植坑的大小以根能伸展为度，坑内留些细土拢成小墩，使根在土壤上坐定，理顺根系，然后覆土，踏实，浇二、三次透水，株行距以 50 × 50 cm 为宜。栽前挖好直径 30 ~ 40 cm、深 50 ~ 60 cm 的栽植穴，穴距约 100 cm。穴内施入腐熟的有机肥、豆饼、骨粉等混合肥料。对根部适当修剪，剪去病根和折断的根，然后进行栽植，栽植以根茎交接处的原栽痕迹齐土面，坑土要肥而细。春植应注意移栽的时间一定要早，牡丹是比较耐寒的，春季根部活动开始也较早，早移栽可提高成活率，春季移栽必须带土坨，保护好根部不要受伤。移栽后立即浇 1 次透水，保持土壤与根部密接不透风。

（2）肥水管理。

牡丹性喜肥，适时适量施肥不仅能促使开花繁茂，花大色艳，花型丰满，而且还可防止或减弱某些品种开花“大小年”以及花型退化、重瓣性降低等现象。追肥要控制，每年追肥 3 次，第 1 次在新梢迅速抽出。叶及花蕾正伸展时，以施速效肥为主，称之为促花肥；第 2 次在花谢后半个月之内，此次施肥对植株以后的生长和花蕾的增多有很大的影响。肥效以速效肥为主，称之为促芽肥；第 3 次在秋冬，对增强植株春季的生长有重要作用，肥料以基肥为主。施肥的数量依据植株生长状况和品种而定，一般五年生牡丹每次施粉末状、经充分腐熟的饼肥 0.5 kg，或优质有机肥 5 kg。施肥方法以环状或辐射状开沟交替进行。

牡丹根系是肉质根，除自然降水外，地栽不需要经常浇水。通常只在需水量最多的开花前后并遇春旱时才适当浇几次水，以补充土壤水分的不足，每次浇水量不宜过多。宁干勿湿是牡丹日常管理的一条重要原则，浇水过勤反而会造成根系腐烂，引起枝叶枯萎下垂等生理现象。

（3）整形修剪。

为了使牡丹花多色艳，生长健壮，整形修剪是十分重要的。牡丹整形主要包括定干、修枝、除芽、疏蕾、剪除残花等工作。牡丹栽植 2 ~ 3 年即可进行定干。对生长势特强，生长旺盛的品种，可以修剪成独干的牡丹树。对生长势弱，发枝数量少的品种，一般剪除细弱枝，保留强枝。牡丹定干后，每年进行除芽和剪除过多、过密的无用枝，使每株保留 5 ~ 7 个充实饱满、分布均匀的枝条。每个枝条保留 2 个外侧花芽，其余应全部剪除，这样可使养分集中，促进植株生长均衡，开花繁茂。

① 选留枝干。牡丹定植后，第一年任其生长，可在根茎处萌发出许多新芽（俗称土芽）；第二年春天时，待新芽长至 10 cm 左右时，可从中挑选几个生长健壮、充实、分布均匀者保

留下来，作为主要枝干（俗称定股），余者全部除掉。以后每年或隔年断续选留 1～2 个新芽作为枝干培养，以使株丛逐年扩大和丰满。

② 酌情利用新芽。为使牡丹花大艳丽，常结合修剪进行疏芽、抹芽工作，使每枝上保留 1 个芽，余芽除掉，并将老枝干上发出的不定芽全部清除，以使养分集中，开花硕大。每枝上所保留的芽应以充实健壮为佳。有些品种生长势强，发枝力强且成花率高，每枝上常有 1～2 个甚或 3 个芽均可萌发成枝并正常开花，对于这些品种每枝上可适当多留些芽，以便增加着花量和适当延长花期；而某些长势弱、发枝力弱并且成花率低的品种则应坚持 1 枝留 1 芽的修剪措施。

牡丹地栽或盆栽一年内要修剪三次。第 1 次在 3 月初，每株留 5～8 个枝，每枝留花芽 2 个，其余部分剪去；第二次在花谢后，及时剪去残花，减少养分消耗；第三次在 10 月下旬至 11 月上旬，疏剪各种病虫枝、枯枝、重叠枝、内向枝、交叉枝和徒长枝。对于有发展空间的徒长枝，留适当长度进行短截，以填空补缺。对细弱枝和衰老枝，可重短截，刺激不定芽和隐芽萌发。修剪是为保持树势平衡，生长旺盛。

（4）病虫害防治。

牡丹常见病虫害有褐斑病、炭疽病、锈病、根部腐烂病及根瘤线虫病、天牛、红蜘蛛、金龟子、蝼蛄等，其中竭斑病、炭疽病、锈病为真菌病害。防治方法如下：

① 加强栽培管理。合理施肥与浇水，注意通风透光与夏季降温，使植株生长健壮，提高抗病力。冬春季彻底清除枯枝、落叶，减少菌源。

② 喷药防治。牡丹生长期间，以临近发病期开始，每隔 7～10 d 喷 1 次 65% 代森锰锌可湿性粉剂 400～600 倍液，连续喷 3～5 次，可抑制病害的发生蔓延；发病初期喷洒 50% 多菌灵或托布津 500～1 800 倍液；天牛、金龟子、蝼蛄可用 40% 乐果乳油或敌敌畏乳油 1 000 倍液喷洒或灌根部。病虫害防治要以早期预防为主，一旦有病虫害发生。要根据发生程度按上述用药剂量，适当缩短喷药间隔期，增加用药次数。

【牡丹文化】 牡丹色、香、姿、韵俱佳，素有“花中之王”“国色天香”的美誉，是富贵祥和，繁荣昌盛的象征。古代有关描写牡丹的诗词、字画等艺术作品众多，现摘录赏牡丹诗词供鉴赏。

赏牡丹

〔唐〕 刘禹锡

庭前芍药妖无格，池上芙蕖净少情。
唯有牡丹真国色，花开时节动京城。

玉楼春

〔北宋〕 欧阳修

常忆洛阳风景媚，烟暖风和添酒味。
莺啼宴席似留人，花出墙头如有意。
别来已隔千山翠，望断危楼斜日坠。
关心只为牡丹红，一片春愁来梦里。

【牡丹鉴赏】

（1）牡丹园。以牡丹为主题设置牡丹专类园。以欣赏其姿、色、香、韵为主，集中栽植大量牡丹优良品种。我国河南洛阳、山东菏泽建有多个牡丹专类园，如菏泽曹州牡丹园、洛阳王城公园，都是鉴赏牡丹的绝佳胜地。在国内许多牡丹园中，多筑有牡丹亭、牡丹厅、牡丹廊、牡丹阁、牡丹轩、牡丹仙子雕塑、牡丹照壁、牡丹壁画等建筑小品，进一步渲染了牡丹园的主题。如菏泽曹州牡丹园、洛阳王城公园的牡丹阁、牡丹仙子，上海植物园牡丹园的牡丹廊，杭州“花港观鱼”公园的牡丹亭，北京植物园牡丹园的卧姿牡丹仙子塑像等，都赋予牡丹园以主体特征和更加迷人的艺术魅力。

（2）园林装饰。通常采用规则式和自然式两种布置形式。

① 规则式布置。又称几何式布置。通常应用于地形较为平坦的情况下，将园区划分为规则的花池，整体形成整齐的几何图案。花池内等距离地栽植各种牡丹品种。如北京景山公园、洛阳王城公园、西苑公园、盐城便仓枯枝牡丹园及北京中国科学院植物研究所植物园等处的牡丹园，都采用这种布置形式。

② 自然式布置。又称风景式布置。结合地形和其他花草树木、山石、建筑等自然和谐地配置在一起，达到“虽由人作，宛自天开”的艺术效果。从而进一步烘托出牡丹的雍容华贵、天生丽质，形成一处处优美的景色。

③ 花台。花台一般高出地面 60 ~ 100 cm，在坡地可建成台阶式花台，层层高起，较单层花台效果更好。台内栽植的牡丹品种，要讲究株形、花色、株高的搭配，追求立面的艺术效果。花台也有规则式与自然式两种形式。

④ 花带。常用于公园或庭园道路的两旁，或市区主要道路的分车带上。牡丹可作为构成春季季相景观的主要成分。春季花开时节，人们沿着园路漫步，或驱车行驶在市区道路上，可欣赏到牡丹的芳姿秀色，闻到阵阵花香。例如北京中山公园林荫道大道路两旁的牡丹花带；洛阳市中州大道的道路分车带上栽植了许多牡丹，与雪松、芍药、紫薇、月季等配置在一起，做到三季有花，四季常青。

⑤ 丛植和群植。牡丹常在林缘、草坪及山石边作自然式丛植或群植。如四川省彭州市丹景山牡丹园、杭州花港观鱼牡丹园以及北京植物园牡丹园都有此类布置形式，显得自然朴实、妙趣天成。

02 梅花——凌霜傲雪

【梅花名片】 别名红梅、春梅、干枝梅。蔷薇科，李属。

【历史档案】 植梅、爱梅之风始于春秋战国时期，汉朝宫苑栽植，我国梅花栽培历史已有两三千年，品种已有 300 多个。如今，我国西自西藏，东至台湾，南自广西，北至湖北，都有保存完好的、处于自然环境的梅树群落。

【形态特征】 梅花是落叶乔木，株高约 5 ~ 10 m，干呈褐紫色，多纵驳纹。小枝呈绿色。叶片广卵形至卵形，边缘具细锯齿。枝常具刺，树冠呈不正圆头形。枝干褐紫色，多纵驳纹，小枝呈绿色或以绿为底色，无毛。核果近球形，有沟，直径约 1 ~ 3 cm，密被短柔毛，味酸，

梅　花

绿色，4—6 月果熟时多变为黄色或黄绿色，亦有品种为红色和绿色等；味酸，可食用。梅花可分为真梅系、杏梅系、樱李梅系等，每节 1 ~ 2 朵，无梗或具短梗，直径 1 ~ 3 cm，萼筒钟状，有短柔毛，裂片卵形；花瓣 5 枚，原种呈淡粉红或白色，栽培品种则有紫、红、彩斑至淡黄等花色；雄蕊多数、离生，於房密被柔毛，罕为 2 ~ 5 离心皮或缺如，於房上位，花柱长。梅花的总品种达 300 多种。适宜观赏的梅花种类包括大红梅、台阁梅、照水梅、绿萼梅、龙游梅等品种。观赏类梅花多为白色、粉色、红色、紫色、浅绿色。中国西南地区 12 月至次年 1 月开花，华中地区 2—3 月开花，华北地区 3—4 月开花。初花至盛花 4 ~ 7 日，至终花 15 ~ 20 日。

【分类品种】　梅花品种及变种很多，其品种按枝条及生长姿态可分为叶梅、直角梅、照水梅和龙游梅等类；按花色花型可分为宫粉、红梅、照水梅、绿萼、大红、玉蝶洒金等型。其中宫粉最为普遍，花粉红，着花密而浓；玉蝶型花紫白；绿萼型花白色，香味极浓，尤以“金钱绿萼”为好。梅花可分为系、类、型。如真梅系、杏梅系、樱李梅系等。系下分类，类下分型。梅花为落叶小乔木，树干灰褐色，小枝细长绿色无毛，叶卵形或圆卵形，叶缘有细齿，花芽着生在长枝的叶腋间，每节着花 1 ~ 2 朵，芳香，花瓣 5 枚，白色至水红，也有重瓣品种。

【生态习性】　喜温暖湿润气候，花期忌暴雨。对土壤要求不严，较耐瘠薄，以轻壤、砂壤且富含腐殖质最佳。喜阳光充足，通风良好。寿命长。梅花对水分敏感，虽喜湿润但怕涝。

【生产育苗】　梅花以嫁接繁殖为主，播种、压条、扦插也可。砧木以实生梅苗或杏、桃为主。

【生产管理】　梅花虽对土壤要求并不严格，但土质以疏松肥沃、排水良好为佳。幼苗可用园土或腐叶土培植。若盆土长期过湿会导致落叶黄叶。梅花不喜大肥，在生长期只需施少量稀薄肥水。梅花可耐 – 15 °C 的温度。梅花通常不易染病，但也有一些病害，如穿孔病、炭疽病、白粉病、枯枝流胶病、干腐流胶病等。蚜虫对梅花常有危害，但不可使用乐果杀虫，其会对梅花产生药害而导致落叶。

【梅花文化】　梅花象征坚韧不拔、不屈不挠、自强不息、民族骨气等精神品质，是中华民族与中国精神最美的代名词。

梅，古之“四君子”之一。“四君子”是竹、菊、兰、梅。另外，梅似乎全具其他三“君子”的特征：如竹般清瘦，如菊般淡雅，亦如兰而有芳香。梅花，香色俱佳，独步早春，具有不畏严寒的坚强性格和不甘落后的进取精神，象征我们“龙的传人”之精神。

梅花是我们中华民族最有骨气的花！几千年来，它那迎雪吐艳，凌寒飘香，铁骨冰心的崇高品质和坚贞气节鼓励了一代又一代中国人不畏艰险，奋勇开拓，创造了优秀的生活与文明。有人认为，梅的品格与气节几乎写意了我们“龙的传人”的精神面貌。全国上至显达，下至布衣，几千年来对梅花深爱有加。文学艺术史上，梅诗、梅画数量之多，足以令任何一种花卉都望尘莫及。

梅花是一种很神奇的花木，它被认为是花中神品。中国有 24 番花信风，从小寒到谷雨，梅花是第一番花信风的报春使者。它凝寒盛开，披雪怒放，这种品格是十分难得的，因此人们说梅花是“一树敢先天下春”。

梅是我国寿命最长的花卉之一，有些古梅的树龄可达 200 年。我国不少地区尚有千年古梅，湖北黄梅县有株 1600 多年的晋梅，至今还在岁岁作花。梅花斗雪吐艳，凌寒留香，铁骨冰心，高风亮节的形象，鼓励着人们自强不息，坚韧不拔地去迎接春的到来。

中国人喜欢花，把花分成几品，其中梅花是仙品，桃花是华品，杏花是贵品，莲花是静品，兰花是高品，菊花是逸品。说梅花是仙品，这一个“仙”字就表明了梅花不沾任何俗气，超凡脱俗。

不仅中国人喜欢梅花，世界各地有很多人也喜欢梅花，对梅情有独钟，特别是日本，日本受中国的文化影响很深。15 世纪时，有一个叫横川景三的和尚，他在中国的一个梅花团扇上写了一首诗：“此物江南物，梅花一朵新。莫言深绡薄，中有大唐春。”传达了大唐的文化、大唐的景物，表现了对中国文化、对中国梅花深深的向往和爱慕。

中国梅文化的源远流长、博大精深，正源于人们对梅的喜爱和钟情。人们在赞美梅花的天然丽姿时，看到的绝不仅仅是清丽飘逸的花朵，而更多的是梅骨、梅格。梅是养心之花。梅花不仅仅只是一种花草，而是代表了更多、更好、更美的事物。她所包含的生命意义和孕育其中的梅花精神，在历史发展的长河中，映照出了我们民族深邃的文化内涵，古朴久远、耐人寻味。

梅花，香色俱佳，独步早春，具有不畏严寒的坚强性格和不甘落后的进取精神，古往今来文人墨客咏梅者甚多。宋王安石《梅花》、毛泽东《卜算子·咏梅》等，摘录如下共赏。

梅　花

〔北宋〕 王安石

墙角数枝梅，凌寒独自开。
遥知不是雪，为有暗香来。

红　梅

〔北宋〕 苏东坡

年年芳信负红梅，江畔垂垂又欲开。
珍重多情关伊令，直和根拨送春来。

卜算子·咏梅

毛泽东

风雨送春归，飞雪迎春到。
已是悬崖百丈冰，犹有花枝俏。
俏也不争春，只把春来报。
待到山花烂漫时，她在丛中笑。

早　梅

〔唐〕 柳宗元

早梅发高树，回映楚天碧。
朔风飘夜香，繁霜滋晓白。
欲为万里赠，杳杳山水隔。
寒英坐销落，何用慰远客。

新栽梅

〔唐〕 白居易

池边新种七株梅，欲到花时点检来。
莫怕长洲桃李妒，今年好为使君开。

梅　花

〔元〕 王冕

三月东风吹雪消，湖南山色翠如浇。
一声羌管无人见，无数梅花落野桥。

【梅花鉴赏】 孤植、丛植、群植等；松、竹、梅常相搭配，苍松是背景，修竹是客景，梅花是主景。亦可建梅园、梅岭、梅峰、梅溪、梅径等。

隆冬时节，百花凋谢，唯有梅花怒放。那傲霜斗雪的姿态，给游人增添不少情趣。我国赏梅胜地较多，著名赏梅胜地如下：

（1）超山梅花。超山位于浙江省余杭县，素有“超山梅花天下奇”之誉。梅林之中，有两株古梅尤为名贵。

（2）灵峰梅花。灵峰位于杭州植物园东北角的青芝坞内。从前曾与孤山、西溪并称西湖三大赏梅风景区。如今已汇集有江、浙、皖梅花珍品 45 个品种，有梅园 10.7 公顷，蜡梅园 1.3 公顷，植梅 6 000 多株，已成为西湖赏梅胜地。

（3）淀山梅花。淀山湖梅园是上海市最大的赏梅胜地，占地 12.7 公顷，植梅 5 000 多株，品种 40 多个，其中不少为树龄百年以上的古梅。

（4）磨山梅花。武汉东湖磨山梅园是我国四大梅园之一，又是我国梅花研究中心所在地。磨山梅园环岭环湖，环境十分优美，植梅 30 000 余株，品种有 139 个。

（5）罗岗梅花。驰名中外的羊城八景之一的“罗岗香雪”，位于广州市 30 多千米外的东郊罗岗。罗岗山四面环山，中央谷地 10 余千米遍植青梅荔枝，每年小寒前后梅花盛开，漫山遍野，仿佛置身于“梅海”之中。

此外，还有南京梅花山、成都草堂寺、重庆南岸南山、昆明黑龙潭、歙县多景园梅溪、闽西十八洞等，都是闻名遐迩的赏梅胜地。

03 菊花——花中君子

菊 花

【菊花名片】 别名秋菊、鞠花、寿客、傅延年、节华、更生、金蕊、黄花、阴成、女茎、女华等，菊科，菊属。

【历史档案】 菊花原产中国，栽培历史悠久。始于春秋战国，自晋赏菊至今。8 世纪前后，观赏的菊花由我国传至日本，被推崇为日本国徽的图样。17 世纪末叶荷兰商人将我国菊花引入欧洲，18 世纪传入法国，19 世纪中期引入北美。现遍及全球。

【形态特征】 多年生宿根草本。茎粗壮，多分枝，基部略木质化，株高 30 ~ 200 cm。叶互生，具较大锯齿或缺刻，托叶有或无，叶型大，卵形至广披针形。头状花序单生或数朵聚生枝顶，由舌状花和筒状花组成。花型和花色极为丰富，花序直径 2 ~ 30 cm。花期 4 ~ 12 月。“种子”（实为瘦果）褐色，细小，寿命 3 ~ 5 年。

【分类品种】 菊属共约 30 个品种。在我国分布 17 种左右，有菊花、毛华菊、紫花野菊、野菊、小红菊、甘野菊等。菊花品种丰富，全世界 2 万 ~ 2.5 万个，我国现存 3 000 个以上。

（1）按自然花期分类。

① 春菊：自然花期在 4 月下旬至 5 月下旬。

② 夏菊：自然花期在 5 月下旬至 8 月中、下旬。

③ 早秋菊：自然花期在 9 月上旬至 10 月上旬。

④ 秋菊：自然花期在 10 月中、下旬至 11 月下旬。

⑤ 寒菊：自然花期在 12 月上旬至翌年 1 月。

（2）按花径大小分类。

① 小菊系：花序径小于 6 cm。

② 中菊系：花序径 6 ~ 10 cm。

③ 大菊系 花序径 10 ~ 20 cm。

④ 特大菊系 花序径 20 cm 以上。

（3）按栽培和应用方式分类。

① 独本菊（标本菊或品种菊）：一株只开一朵花，养分集中，能充分表现品种优良性状。

② 立菊（盆菊）：一株着生数花。

③ 大立菊：一株着花数百朵乃至数千朵以上的巨型菊花，为生长健、分株性强、枝条易于整形的大、中菊品种；一般采用地栽，常用于菊花展览。

④ 悬崖菊：分枝多、开花繁密的小菊经整枝呈悬垂的自然姿态，长度可达 3 ~ 4 m。常用于菊花展览。

⑤ 嫁接菊：以白蒿或黄蒿为砧木嫁接的菊花，一株上可嫁接不同花型及花色的品种。

⑥ 案头菊：株高仅 20 cm 左右，花朵硕大，常陈列在几案上欣赏。

⑦ 菊艺盆景：由菊花制成的桩景或菊石相配的盆景。

⑧ 花坛菊：布置花坛及岩石园的菊花。

⑨ 切花菊：以生产切花为目的，常用于制作插花、花束、花篮。

【生态习性】 具有一定的耐寒性，小菊类耐寒性更强。在 5 °C 以上地上部萌芽，10 °C 以上新芽伸长，16 ~ 21 °C 生长最为适宜。菊花不同类型品种花芽分化与发育对日长、温度要求不同，秋菊是典型的短日照植物。当日照减至 13.5 h，最低气温降至 15 °C 左右时，开始花芽分化，当日照缩短到 12.5 h，最低气温降至 10 °C 左右时，花蕾逐渐伸展。菊花喜阳光充足，但夏季应避免烈日照射。喜富含腐殖质、通气、排水良好的中性偏酸的砂质土壤，忌积涝和连作。

【生产育苗】 常用扦插、嫁接、组培繁殖，亦可播种繁殖。

（1）扦插育苗：多在 4—5 月份。剪取嫩枝 7 ~ 10 cm，插后 2 ~ 3 周即可生根。

（2）嫁接育苗：嫁接可用黄蒿或青蒿作砧木，主要用于菊树栽培。

（3）分株育苗：在清明前后进行，将植株掘出，依根的自然形态，带根分开，另植盆中。

（4）压条育苗：多在繁殖芽变时运用。

（5）播种育苗：培育新品种时可用。

【生产管理】 依栽培的方式不同而有别，常见栽培类型和栽培技术如下：

（1）立菊。当苗高 10 ~ 13 cm 时，留下部 4 ~ 6 片叶摘心。如需多留花头，可再次摘心。每次摘心后，可发生多数侧芽，除选留的侧芽外，其余均应及时剥除。生长期应经常追肥，可用豆饼水或化肥等。苗小时 10 d 左右 1 次，立秋后 1 周左右 1 次，此时浓度可稍加大，但在夏季高温及花芽分化期应停止施肥或少施肥。菊花须浇水充足，才能生长良好，花大色艳，现蕾后需水更多。在高温、雨水大的夏季，应注意排水。为使生长均匀、枝条直立，常设立柱。

（2）大立菊。于初冬开始在温室内培养脚芽，把带有一部分根茎的脚芽切下后，栽于 15 cm 盆中。当菊苗长到 6 ~ 7 片叶时，进行第 1 次摘心，侧芽萌发后留 3 ~ 4 个生长势均匀而健壮的侧枝作为主枝，主枝向四方诱引于框架上。当主枝生长 5 ~ 6 片叶时，留 4 ~ 5 片摘心，共摘心 4 ~ 5 次至 7 ~ 8 次。现蕾后，剥除侧蕾，并设立正式竹架，裱扎成蘑菇形造型。

（3）悬崖菊。于秋冬季扦插脚芽，春季出室后定植于大盆中，选 3 个健壮的分枝作为主枝，用竹片向前诱引。主枝一般不摘心，但其上发生的侧枝长出 3 ~ 4 片叶时摘心，再发的侧枝长到 2 ~ 3 片叶时再摘心，如此反复进行直到花蕾形成前。茎基部萌出的脚芽，也需多次摘心，以使枝叶覆盖盆面，保持菊株后部丰满圆整。

（4）独本菊。于秋冬季扦插脚芽，4 月初移至室外，5 月底留茎约 7 cm 处摘心。当茎上侧芽长出后，选留最下面一个侧芽，其余全部剥除。待选留的侧芽长到 3 ~ 4 cm 时，从该芽以上 2 cm 处剪除原菊株全部茎叶。8 月下旬至 9 月上旬，当苗高 30 cm 左右时，由植株背面中央设立支柱，一并随植株生长逐次裱扎，直至花蕾充实将支柱多余部分剪掉。

【菊花文化】 自古至今，菊花被赋予以下的品格、精神：① 菊花不慕荣华、不屈不挠、铮铮傲骨。② 菊花不随波逐流、不畏邪恶、正直不阿，是品质高洁的象征。③ 黄巢则把菊花比喻成勇敢坚韧的“斗士”。④ 菊花代表了逆境中不气馁、奋进自强的精神——荷尽已无擎雨盖，菊残犹有傲霜枝。⑤ 菊花花期最迟，被誉为“黄花晚节香”，又寄予了人坚持气节、暮年不改少年壮志的寓意。古往今来，文人墨客、达官显贵或以菊明志，或奋进自强，留下千古名篇。摘录部分诗词名句共赏析。

东晋诗人陶渊明以写菊花最为著名，被后人誉为“菊仙”“菊隐”“菊痴”。其作品《饮酒·其五》著名诗句“采菊东篱下，悠然见南山”流传至今。

饮酒·其五

〔东晋〕 陶渊明

结庐在人境，而无车马喧。
问君何能尔？心远地自偏。
采菊东篱下，悠然见南山。
山气日夕佳，飞鸟相与还。
此中有真意，欲辨已忘言。

屈原作品《离骚》中以“朝饮木兰之坠露兮，夕餐秋菊之落英”比喻君子的志行，饮露是表示自己不与世同污，化用了凤凰非露水不饮、非炼食不食的典故。

曹雪芹在《红楼梦》中这样咏菊：“一从陶令评章后，千古高风说到今。”

杜甫借菊花赋诗《复愁》宣泄对封建社会贫富不均、社会不平的憎恶。

复　愁

〔唐〕 杜甫

每恨陶彭泽，无钱对菊花。
如今九日至，自觉酒须赊。

著名女词人李清照作品《醉花阴》《声声慢》借菊花寄托情思、哀愁。

醉花阴

〔南宋〕 李清照

薄雾浓云愁永昼，瑞脑消金兽。
佳节又重阳，玉枕纱厨，半夜凉初透。
东篱把酒黄昏后，有暗香盈袖。
莫道不消魂，帘卷西风，人比黄花瘦。

声声慢

〔南宋〕 李清照

寻寻觅觅，冷冷清清，凄凄惨惨戚戚。
乍暖还寒时候，最难将息。
三杯两盏淡酒，怎敌他、晚来风急？
雁过也，正伤心，却是旧时相识。
满地黄花堆积。
憔悴损，如今有谁堪摘？
守着窗儿，独自怎生得黑？
梧桐更兼细雨，到黄昏、点点滴滴。
这次第，怎一个愁字了得。

唐末农民起义军领袖黄巢作品《题菊花》借咏菊花明志。

题菊花

〔唐〕 黄巢

飒飒西风满院栽，蕊寒香冷蝶难来。
他年我若为青帝，报与桃花一处开。

不第后赋菊

〔唐〕 黄巢

待到秋天九月八，我花开后百花杀。
冲天香阵透长安，满城尽带黄金甲。

毛泽东欣赏菊花抗严寒、傲冰霜的气魄，作品《采桑子·重阳》一词中“战地黄花分外香”成为咏菊的名句。

采桑子·重阳

毛泽东

人生易老天难老，岁岁重阳。
今又重阳，战地黄花分外香。
一年一度秋风劲，不似春光。
胜似春光，寥廓江天万里霜。

【菊花鉴赏】 菊花集“色、香、姿、韵”于一身，观赏价值极高。

菊花的“色”，其色彩种类之全堪居百花之首白、黄、粉、青、紫、蓝、绿、橙、玫红、紫红、棕红、乳黄、金黄、淡黄、墨紫、墨红等。

菊花花瓣瓣型各异，花姿优美，分平瓣类、匙瓣类、管瓣类、桂瓣类、畸瓣类等。

菊花艺术造型众多，如独本菊、悬崖菊、大立菊、盆景菊、塔菊等，可制作花坛、花境、举办菊花展，以河南开封的菊花展最负盛名。

菊花是世界四大切花之一，常作切花栽培，菊花亦可盆栽观赏。

04　兰花——清香幽雅

【兰花名片】 别名兰草，兰科，兰属。

【形态特征】 多年生草本植物。根肉质肥大，无根毛，有共生菌。具有假鳞茎，俗称芦头，外包有叶鞘，常多个假鳞茎连在一起，成排同时存在。叶线形或剑形，革质，直立或下垂，花单生或成总状花序，花梗上着生多数苞片。花两性，具芳香。成熟后为褐色，种子细小呈粉末状。

【分类品种】

（1）春兰——又称草兰，花淡黄绿色，具清香，花期 2—4 月，蒴果长椭圆形。本种全国各地广为栽培，按花萼、花瓣的变化，分为许多类型，如荷瓣、梅瓣、水仙瓣、蝴蝶瓣等，杭州栽培春兰的名贵品种有龙字兰、大宝贵、宋梅、御前梅、天逸荷等。

（2）蕙兰——又称九节兰、九子兰、夏兰。花黄绿色或紫褐色，具香气，花期 4—5 月。

（3）建兰——又称秋兰，花苍绿色或黄绿色，具清香，花期 7—10 月。两次开花。本种为重要栽培观赏花卉，各地有许多品种和类型，如凤尾素、铁杆素心等。

（4）寒兰——花色有绿、黄、紫红、淡红等，芳香。花期初冬，即 10—11 月。

（5）墨兰——别名报岁兰。花色多紫红或浅褐色条纹。花期春节前后。原产我国广东、福建、台湾等地，品种较多。

【生态习性】 喜阴，忌阳光直射，喜温暖湿润，忌干燥，喜肥沃、富含大量腐殖质、排水良好、微酸性沙质壤土，宜空气流通环境。

兰 花

【生产育苗】 常以分株为主，可播种繁殖。

（1）分株繁殖：春季开花的春兰宜花后生长停止时进行；秋季开花的，宜于春季新芽未抽出前进行。也可结合休眠期换盆进行分株。2 ~ 3 年分株 1 次。

（2）播种繁殖：种子在无菌的条件下经严格消毒，半年至 1 年才能发芽，8 ~ 10 年开花。

（3）兰花组培：一般以芽为植体，在短期内能生产出千百万无性系植株。

【生产管理】

（1）选地。选半阴或适当遮阴通风的地方种兰花。

（2）温光管理。从春至初秋需遮帘避直晒。夏秋入荫棚下通风处，早晚开棚承受露水。室内养兰 0 °C 以下才关窗。秋末加强光照。兰花生长适温一般白天 18 ~ 21 °C，夜晚不可低于 5 ~ 6 °C。

（3）浇水。“春不出，夏不日，秋不干，冬不湿”是对春兰和蕙兰的栽培总结。即春天低温不出房，夏天不可直晒，秋天保持湿润的环境，冬天不可过湿。种兰花盆土宜湿润不积水，要通气、疏松、养料丰富。

（4）施肥。兰花施肥宜勤而淡，忌骤而浓，春兰可稍浓，秋兰宜稍淡，开花前后不施肥，三伏天不施肥，休眠期不施肥。生长期 1 周至半月可施稀液肥 1 次，也可施硫酸铵、硫酸钾、过磷酸钙等化肥，但应控制浓度。

（5）换盆。兰花换盆宜 2 ~ 3 年 1 次，也可与分株结合进行。换盆时除去多余的假鳞茎和老根，最好稍晾干后栽。栽时新芽向外，老鳞茎向内，有利新芽萌发。栽时根系要舒展，填土要实，但不可重压。栽后略喷水，置阴处缓苗。

【兰花文化】 兰花被喻为“花中君子”。在中国传统文化中，养兰、赏兰、绘兰、写兰，一直是人们陶冶情操、修身养性的重要途径，被誉为“国香”“王者香”的中国兰花成了高雅文化的代表。古代文人常把诗文之美喻为“兰章”，把友谊之真喻为“兰交”，把良友喻为“兰客”。古代文人或借兰花抒发自己的归隐之志，或表现自己对兰花的喜爱，或借兰花表现自己郁郁不得志的心情。现摘录三首诗共赏。

猗兰操

〔春秋〕孔 丘

习习谷风，以阴以雨。
之子于归，远送于野。
何彼苍天，不得其所。
逍遥九州，无所定处。
世人暗蔽，不知贤者。
年纪逝迈，一身将老。

陶渊明借兰花来比喻人的高贵品格，君子应该如兰花一样保持高尚的节操，表现了诗人不随波逐流，不为黑暗污垢所染的高尚品德。

幽　兰

〔东晋〕陶渊明

幽兰生前庭，含薰待清风。
清风脱然至，见别萧艾中。
行行失故路，任道或能通。
觉悟当念还，鸟尽废良弓。

诗仙李白在作品《古风》中借兰花抒怀，表达自己虽然才华被隐没，但是自己的朋友、知音欣赏自己的才华，为他们展现自己的才华就可以了。

古　风

〔唐〕李白

孤兰生幽园，众草共芜没。
虽照阳春晖，复悲高秋月。
飞霜早淅沥，绿艳恐休歇。
若无清风吹，香气为谁发。

【兰花鉴赏】　中国兰花栽培历史悠久，历代养兰、爱兰、赏兰人士众多。兰花鉴赏随着时代的变迁，赏兰标准整体没有改变，部分有所变化。中国兰花鉴赏主要包括兰叶和兰花的鉴赏，赏叶胜过赏花。

（1）叶的鉴赏。叶的鉴赏主要包括叶形、叶色、叶姿、线艺。叶形从长、宽、厚等来衡量，一般而言，长宽比例协调、质厚者为上品；叶色以浓绿、有光泽者为上品；叶姿以中垂叶形最佳，中立叶次之，立叶与垂叶最次；线艺的变化多数是由变异进化而成，其品位高低则依其进化的程度，色彩的对比来衡量。

（2）花的鉴赏。兰花的鉴赏主要从花色、花形、花香、花姿等四个方面进行鉴赏。

① 花色。花色有素心（凡唇瓣舌面无斑点皆称素心）和非素心之分。传统鉴赏认为，素心以纯白、纯绿为上品；现代鉴赏则认为，全紫、金红、全黑为上品。

② 花形。花形鉴赏主要包括花瓣、侧萼片的鉴赏。根据花瓣，兰花花形可分正格花和奇形花。所谓正格花是指正常瓣形由外三瓣、内两瓣、一舌一鼻头组合而成品字型；若异于此者，即可称作奇形花，奇形花亦称变异花，因变异而形成。主要表现在花瓣数量、形状的变化，花瓣数量增加或减少，瓣形变化有荷瓣、梅瓣、水仙瓣等。根据兰花侧萼片的形状，有平肩（一字肩）、飞肩、落肩之分，以飞肩为上品，平肩次之，落肩为下。

③ 花香。兰花的花香是幽香，花香被誉为“国兰灵魂”，传统鉴赏认为，兰花有香才可列为上品。随着兰花新品种的出现，部分新品种没有花香，仍被视为上品。

④ 花姿。兰花花姿以叶疏密有致、花亭亭玉立者为上品。

05　月季——花中皇后

【月季名片】　别名长春花、月月红、斗雪红、瘦客，蔷薇科，蔷薇属。

【历史档案】　月季起源于中国，距今已有2000多年的历史。18世纪中期，传入欧洲，现遍及全球。

【形态特征】　常绿或落叶灌木，直立或呈蔓状，茎具钩刺或无刺。叶互生，奇数羽状复叶，小叶3～5（7），宽卵形或卵状长圆形。花朵常簇生，稀单生，多为重瓣，花色甚多，有红、黄、白、蓝、紫、绿、橙、茶、黑和中间色，具芳香。花期4—10月。

月　季

【分类品种】　栽培的品种繁多，大致分为6大类，即杂种香水月季、丰花月季、壮花月季、微型月季、藤本月季和灌木月季。栽培品种有中国月季、微型月季、十姊妹型月季、多花型月季、特大多花型月季、单花大型月季、藤本月季、树型月季、野生型月季。

【生态习性】　喜光，空气流通，排水良好而避风的环境，盛夏需适当遮阴。适应性强，耐寒耐旱，对土壤要求不严，以富含有机质、肥沃、疏松之微酸性土壤最好。月季喜肥水，在整个生活期中都不能失水，尤其从萌芽到放叶、开花阶段，应充分供水，花期水分需要特别多，土壤应经常保持湿润，这样开的花朵肥大、鲜艳。进入休眠期后要控制水分不宜过多。由于月季生长期不断发芽、抽梢、孕蕾、开花，必须经常及时施肥，防止树势衰退，使花开不断。

【生产育苗】　以嫁接、扦插为主，亦可播种、分株、压条、组织培养。

（1）扦插。长江流域多在春、秋两季进行。春插一般从4月下旬开始，5月底结束，此时气候温暖，相对湿度较高，插后25 d左右即能生根，成活率较高。秋插从8月下旬开始，到10月底结束，此时气温仍较高，但昼夜温差较大，故生根期要比春插延长10～15 d，成活率也较高。也可进行冬插，这能充分利用冬季修剪下的枝条，如能在温室中培育，成活率

也很高。若无温室，南方可选择向阳背风、比较温暖的环境进行露地扦插，但管理上要特别注意防干冻。扦插时，可用 500 ~ 1 000 mg/kg 吲哚丁酸快浸插穗下端，有促进生根的效果。插壤以疏松、排水良好的壤土，掺入 30% 的砻糠灰（以体积算）为佳。插条入土深度为穗条的 1/3 ~ 2/5，早春、深秋和冬季宜深些，其他时间宜浅些。

（2）嫁接。首先要选择适宜的砧木，目前国内常用的砧木有野蔷薇、粉团蔷薇等。多用枝接和芽接：枝接在休眠期进行，南方 12 月至翌年 2 月，北方在春季叶芽萌动以前；芽接在生长期均可嫁接。嫁接后要加强管理。

【生产管理】　月季栽培大致上有三种形式，即盆栽、地栽和切花栽培。

（1）盆栽。常用于室内小景，管理可以概括为 10 条四字诀：盆土疏松，盆径适当，干湿适中，薄肥勤施，摘花修枝，防治病虫，常放室外，松土除草，剥除砧芽，每年翻盆。

（2）地栽。常于公园、风景区、工厂、学校、街道、庭园栽植。地栽方式有平面绿化，垂直绿化等，常用于花坛、花屏、花门、花廊、花带、花篱布置。其管理中最主要的环节是施肥、修剪和病虫害防治。

① 施肥。施肥在冬季修剪后至萌芽前进行，此时操作方便，应施足有机肥料。月季开花多，需肥量大，生长季最好多次施肥，5 月盛花后，及时追肥，以促进夏季开花和秋季花盛。秋末应控制施肥，以防秋梢过旺受到霜冻。春季开始展叶时新根大量生长，不能施用浓肥，以免新根受损，影响生长。

② 修剪。修剪是月季花栽培中最重要的工作，主要在冬季，但冬剪不宜过早，否则引起萌发，易遭受冻害。剪枝程度根据所需树形而定：低干的在离地 30 ~ 40 cm 处重剪，留 3 ~ 5 个健壮分枝，其余全部除去；高干的适当轻剪；树冠内部侧枝需疏剪；病虫枯枝全部剪去；较大的植株移栽时要重剪。花后及时剪去花梗。嫁接苗的砧木萌蘖也应及时除去，直立性强的月季，可剪成单干树状。

③ 病虫害防治。病虫害主要有白粉病，黑斑病、蚜虫、锯梢蜂、刺娥、天牛等，必须注意防治。

【月季文化】　月季被誉为“花中皇后”，而且有一种坚韧不屈的精神，花香悠远。历来文人也留下了不少赞美月季的诗句。

腊前月季

〔南宋〕 杨万里

只道花无十日红，此花无日不春风。
一尖已剥胭脂笔，四破犹包翡翠茸。
别有香超桃李外，更同梅斗雪霜中。
折来喜作新年看，忘却今晨是季冬。

长春花

〔北宋〕 徐积

谁言造物无偏处，独遣春光住此中。
叶里深藏云外碧，枝头长借日边红。

曾陪桃李开时雨，仍伴梧桐落后风。
费尽主人歌与酒，不教闲却买花翁。

次韵子由月季花再生

［北宋］ 苏东坡

幽芳本长春，暂瘁如蚀月。
且当付造物，未易料枯枿。
也知宿根深，便作紫笋茁。
乘时出婉娩，为我暖栗冽。
先生早贵重，庙论推英拔。
如今城东瓜，不记召南茇。
陋居有远寄，小圃无阔蹑。
还为久处计，坐待行年匝。
腊果缀梅枝，春杯浮竹叶。
谁言一萌动，已觉万木活。
聊将玉蕊新，插向纶中折。

所寓堂后月季再生与远同赋

［北宋］ 苏辙

客背有芳藂，开花不遗月。
何人纵寻斧，害意肯留枿？
偶乘秋雨滋，冒土见微茁。
猗猗抽条颖，颇欲傲寒冽。
势穷虽云病，根大未容拔。
我行天涯远，幸此城南茇。
小堂劣容卧，幽阁粗可蹑。
中无一寻空，外有四邻市。
窥墙数柚实，隔屋看椰叶。
葱蒨独兹苗，悯悯待其活。
及春见开敷，三嗅何忍折。

月　季

［北宋］ 苏东坡

花落花开无间断，春来春去不相关。
牡丹最贵惟春晚，芍药虽繁只夏初。
唯有此花开不厌，一年长占四时春。

【月季花语】 粉红色月季花语：初恋、优雅、高贵、感谢。红色月季花语：纯洁的爱，热恋、贞节、勇气。白色月季花语：尊敬、崇高、纯洁。橙黄色月季花语：富有青春气息、

美丽。绿白色月季花语：纯真、俭朴或赤子之心。黑色月季花语：有个性和创意。蓝紫色月季花语：珍贵、珍惜。

【月季鉴赏】 月季品种之多，色彩之繁，花期之长，应用范围之广，可盆栽鉴赏、建月季花园、山坡片植，制作切花。

月季作为我国北京、天津等 52 个城市的市花，遍植月季，形成诸多月季观赏胜地。

（1）北京陶然亭公园月季园。陶然亭公园的月季园建于 1962 年，拥有两万多株、50 多个品种的月季，其中包括温盛顿、冰美地兰等 19 种首次引进的名贵月季品种。

（2）石家庄月季公园。月季公园位于石家庄市东北部，占地面积约 8.4 公顷，南北长 400 m，东西宽 210 m，是华北地区月季栽植面积最大、品种最多、数量最大的月季专类公园。目前公园有月季品种约 500 个、27 万余株。

（3）津城月季十佳观赏景点。观赏景点有：水上公园及天塔路月季花坛、睦南公园、人民公园、开发区泰达大街月季带、南运河北路丰花月季带、河东公园、王顶堤立交桥津河月季花带、越秀园、中心公园、抗震纪念碑月季花坛。

（4）郑州市月季园。郑州市先后举办了 19 届月季花展，中国首届月季花展览会举办地。月季公园收集、保存国内外名优月季 1 200 余种，成为全国月季品种资源中心。

06 杜鹃——花中西施

【杜鹃名片】 别名映山红、山踯躅、红踯躅，杜鹃花科，杜鹃花属。

【历史档案】 原产中国，始种于汉代，观赏始于唐代，发展于宋，兴盛于明清。19 世纪末传入英国，现遍植全球。

【形态特征】 落叶灌木，高约 2 m，叶纸质，卵状椭圆形，长 2 ~ 6 cm、宽 1 ~ 3 cm，顶端尖，基部楔形。花 2 ~ 6 朵簇生于枝端；花冠鲜红或深红色，花期 4 ~ 5 月。

杜 鹃

【分类品种】 杜鹃花分为“五大”品系：春鹃品系、夏鹃品系、西鹃品系、东鹃品系、高山杜鹃品系，世界上已有园艺品种近万个。

【生态习性】 杜鹃性喜凉爽、湿润、通风的半阴环境，既怕酷热又怕严寒，生长适温为 12 ~ 25 °C，夏季气温超过 35 °C 时，则新梢、新叶生长缓慢，处于半休眠状态。夏季要防晒遮阴，冬季应注意保暖防寒。忌烈日暴晒，适宜在光照强度不大的散射光下生长，光照过强，嫩叶易被灼伤，新叶、老叶焦边，严重时会导致植株死亡。冬季，露地栽培杜鹃要采取措施进行防寒，以保证其安全越冬。观赏类的杜鹃中，西鹃抗寒力最弱，气温降至 0 °C 以下容易发生冻害。要求疏松、肥沃、富含腐殖质的偏酸性土壤，pH 在 5.5 ~ 6.5，忌用碱性或黏性土壤。

【生产育苗】 常采用扦插育苗，亦可嫁接、压条、分株、播种等。

扦插育苗。

（1）时间。西鹃在 5 月下旬至 6 月上旬，毛鹃在 6 月上、中旬，春鹃、夏鹃在 6 月中下旬，此时枝条老嫩适中，气候温暖湿润。

（2）插穗。插穗取当年生刚木质化的枝条，带踵掰下，修平毛头，剪去下部叶片，保留顶部 3 ~ 5 片叶，保湿待插。

（3）扦插管理。扦插基质可用兰花土、高山腐殖土、黄心土、蛭石等，扦插深度以穗长的 1/3 ~ 1/2 为宜，扦插完成后要喷透水，加盖薄膜保湿，给予适当遮阴，一个月内始终保持扦插基质湿润，毛鹃、春鹃、夏鹃约 1 个月即可生根，西鹃需 60 ~ 70 d。

【生产管理】

（1）选盆。生产上都用通气性能好的、价格低廉的瓦盆。大规模生产也可用硬塑料盆，美观大方，运输方便，国外和国内大型企业均用之。杜鹃根系浅，扩张缓慢，栽培要尽量用小盆，以免浇水失控，不利生长。

（2）用土。常用黑山土，俗称兰花泥，也可用泥炭土、黄山土、腐叶土、松针土，经腐熟的锯木屑等，pH 为 5 ~ 6.5，通透排水，富含腐殖质。

（3）上盆。一般在春季出房时或秋季进房时进行，盆底填粗粒土的排水层，上盆后放于阴处伏盆数日，再搬到适当位置。幼苗期换盆次数较多，每 1 ~ 2 年 1 次，10 年后，可 3 ~ 5 年换 1 次，老棵只要不出问题，可多年不换。

（4）浇水。要根据天气情况，植株大小，盆土干湿，生长发育需要，灵活掌握。水质要不含碱性。如用自来水浇花，最好在缸中存放 1 ~ 2 d，水温应与盆土温度接近。11 月后气温下降，需水量少，室内不加温时，3 ~ 5 d 不浇水不成问题。2 月下旬以后要适当增加浇水量，3—6 月，开花抽梢，需水量大，晴天每日浇 1 次，不足时傍晚要补水，梅雨季节，连日阴雨，要及时侧盆倒水。7—8 月高温季节，要随干随浇，午间和傍晚要在地面、叶面喷水，以降温增湿，9—10 月天气仍热，浇水不能怠慢。

（5）施肥。西鹃要求薄肥勤施，常用肥料为草汁水、鱼腥水、菜籽饼。草汁水用嫩草、菜叶沤制而成，可当水浇。鱼腥水系鱼杂等加水 10 倍，密封发酵半年以上，施用时要兑水，浓度以 3% ~ 5% 为宜。此肥富含磷质，可使叶亮花艳，但次日应以清水冲洗 1 次。菜籽饼为综合肥料，应沤制数月，冲水施用。大面积生产杜鹃盆花，可采用复合肥或缓施肥料，一年施 1 ~ 2 次即可。

（6）遮阳。西鹃从 5—11 月都要遮阳，棚高 2 m，遮阴网的透光率为 20% ~ 30%，两侧也要挂帘遮光。

（7）修剪。幼苗在 2 ~ 4 年内，为了加速形成骨架，常摘去花蕾，并经常摘心，促使侧枝萌发，长成大棵后，主要是剪除病枝、弱枝以及紊乱树形的枝条，均以疏剪为主。

（8）花期管理及花期控制。西鹃开花时放于室内，不受日晒雨淋，可延续 1 个月。若室内通风差，则不宜久放，一二周即应调换。杜鹃花花芽分化以后，移于 20 °C，约 2 周时间即可开花，但品种间差异很大。在国外，作为圣诞节开花的杜鹃自冷藏室（3 ~ 4 °C）移出后，必须在 11 月上旬置于 15 °C 的温室中，才能保证应节上市，故借助于温度的调节，盆栽杜鹃，四季可以开花。有些品种也可用植物生长调节剂促使其花芽形成，普遍应用的是 B_9 和矮壮素（CCC），前者用 0.15% 的浓度喷 2 次，每周 1 次，或用 0.25% 的浓度喷 1 次，后者用 0.3% 的浓度每周喷 1 次，共处理 2 次。用多效唑（PP333）处理，效果更好，但残留期有数年，会造成株型矮化，使用时要注意用量和次数。大约在喷洒后 2 个月，花芽即充分发育，此时

将植株冷藏，促进花芽成熟。杜鹃在促成栽培以前至少需要 10 °C 或稍低的温度冷藏 4 周，冷藏期间，植株保持湿润，不能过分浇水，每天保持 12 h 光照。

【杜鹃文化】 历代文人墨客对杜鹃赞赏众多，留下诸多诗词名篇，摘录部分如下：

唐宣城见杜鹃花

〔唐〕李白

蜀国曾闻子规鸟，宣城还见杜鹃花。
一叫一回肠一断，三春三月忆三巴。

净兴寺杜鹃花

〔唐〕李白

一园红艳醉坡陀，自地连梢簇蒨罗。
蜀魄未归长滴血，只应偏滴此丛多。

咏杜鹃

〔唐〕白居易

玉泉南涧花奇怪，不似花丛似火堆。
今日多情唯我到，每年无故为谁开。
宁辞辛苦行三里，更与留连饮两杯。
犹有一般辜负事，不将歌舞管弦来。

明发西观晨炊蔼冈

〔南宋〕杨万里

何须名苑看春风，一路山花不负侬。
日日锦江呈锦祥，清溪倒照映山红。

【杜鹃花语】 爱的快乐、鸿运高照、奔放、清白、忠诚、思乡。

【杜鹃传说】 相传远古时蜀国国王杜宇，很爱他的百姓，禅位后隐居修道，死了以后化为子规鸟（又名子鹃），人们便把它称为杜鹃鸟。每当春季，杜鹃鸟就飞来唤醒老百姓："快快布谷！快快布谷！"嘴巴啼得流出了血，鲜血洒在地上，染红了漫山的杜鹃花。

【杜鹃鉴赏】 杜鹃枝繁叶茂，绮丽多姿，萌发力强，耐修剪，根桩奇特，是优良的盆景材料。园林中最宜在林缘、溪边、池畔及岩石旁成丛成片栽植，也可于疏林下散植。杜鹃也是花篱的良好材料，毛鹃还可经修剪培育成各种形态。杜鹃专类园极具特色。

07　山茶——花中珍品

【山茶名片】 别名山茶花、晚山茶等，山茶科，山茶属。

【历史档案】 山茶原产中国。中国栽培山茶的历史悠久。始于南朝，兴于唐宋，盛于明清，至今已有300个以上山茶品种。公元7世纪初，日本首次引种，后由英国传入欧美各国。至今，美国、英国、日本、澳大利亚和意大利等国均进行山茶的育种、繁殖和生产。

山　茶

【形态特征】 常绿阔叶小乔木或灌木，高达10～15 m。小枝黄褐色，无毛，冠形有圆形、卵圆形、圆锥形等。叶卵形或椭圆形，革质，互生，长5～11 cm，先端钝，渐尖，基部楔形，缘有细齿，叶面有光泽。花两性，常单生或2～3朵顶生或腋生，有单瓣、半重瓣及重瓣，花径5～12 cm，色彩鲜艳，有白、粉红、红、紫红和红白相间等色，花梗短或无；蒴果近球形，径2～3 cm。种子椭圆形。花期2—4月。

【生态习性】 山茶为暖温带树种，适于温暖湿润之地，过热过冷均不适宜。夏无酷日，冬无严寒，雨量充沛，空气湿润，最适于山茶的生长，具体要求是：① 温度。山茶对低温的耐受程度各品种间表现出一定的差异。单瓣型品种耐寒力比一般品种要强，能耐－10 °C的低温。名贵品种对低温的耐受力低，忌高温。温度30 °C以上时停止生长，超过35 °C会出现日灼，生长的最适温度18～25 °C，适于开花温度10～20 °C。② 光照。山茶喜半阴半阳，忌晒。幼树耐阴，大树则需一定光照，每天见光3 h以上，才有利于花开。夏季强烈阳光直射会引起叶面严重灼伤、小枝枯萎。宜散射光，不宜直射光，故夏季需遮阴。冬季则以南面有全光、西北面能挡风为好。③ 土壤。山茶喜肥沃、疏松、酸性的壤土或腐殖土，pH为4.5～6.5都能生长，以5.5～6.5为佳，偏碱土壤和黏重积水不适于山茶生长。喜土壤排水良好，夏季要注意排水，以免引起根部腐烂致死。

【生产育苗】 生产育苗：常用扦插、嫁接、播种法育苗。

（1）扦插育苗。扦插时间一般在6月中、下旬和8月上旬至9月初最适宜。选树冠外部组织充实、叶片完整、腋芽饱满的当年生半成熟枝为插穗，长4～10 cm，先端留2片叶，剪取时基部要带踵。随剪随插于遮阴的苗床，密度视品种叶片大小而异。以叶不重叠为准，插穗入土3 cm左右。浅插生根快，深插生根慢。插后注意水分、温度、光照等管理，6周后生根。

（2）嫁接育苗。嫁接育苗过程：① 嫁接时间：一般以5—6月为好；② 接穗选择：枝接的接穗带2片叶，芽接的接穗带1片叶；③ 砧木选择：油茶为多，可用单瓣山茶；④ 嫁接方法：生产常用枝接和芽接，成活率可达80%；⑤ 嫁接后管理：高温季节嫁接，必须遮阳，中午前后喷水降温。

（3）播种。播种主要是培育砧木和新品种。应随采随播，否则会失去发芽力。若秋季不能及时播种，应湿砂贮藏至翌年2月间播种。一般秋播比春播发芽率高。

【生产管理】

（1）地栽。

① 选地。选择适生地种植。

② 种植时间。秋植较春植好。

③ 施肥。2～3月施肥，以促进春梢和起花后补肥的作用；6月施肥，以促进2次枝生长，提高抗旱力；10～11月施肥，使新根慢慢吸收肥料，提高植株抗寒力，为明年春梢生长打下良好基础。

④ 修剪。山茶不宜重剪，只要剪去病虫枝、过密枝和弱枝即可。为防止因开花消耗营养过多和使花朵大而鲜艳，须及时疏蕾，保持每枝 1～2 个花蕾为宜。

（2）盆栽。

① 选盆。盆的大小与苗木的比例要恰当。

② 盆土配制。最好在园土中加入 1/3～1/2 的松针腐叶土。

③ 上盆时间。以 11 月或早春 2～3 月为宜。萌芽期停止上盆，高温季节切忌上盆。

④ 上盆后管理。新上盆时，水要浇足。以盆底透水为度。

⑤ 浇水。平时浇水要适量，要求做到浇水量随季节变化而变化。夏季叶茎生长期及花期可多浇水，新梢停止生长后要适当控制浇水，以促进花芽分化。梅雨季节，应防积水，入秋后应减少浇水。浇水时水温与土温要相近。

⑥ 遮阴与防寒。山茶一般作温室栽培，春天与梅雨期要给予充足的阳光，否则枝条生长细弱，并引起病虫害。高温期要遮阴降温，冬季要及时采取防冻措施，盆苗在室内越冬，以保持 3～4 °C 为宜。若温度超过 16 °C，会提前发芽，严重时还会引起落叶、落蕾。

【山茶文化】 山茶被誉为“花中珍品”，历代文人墨客咏茶花者甚多，现摘录如下。

山茶花

〔北宋〕 苏辙

黄蘖春芽大麦粗，倾山倒谷采无余。
久疑残枿阳和尽，尚有幽花霰雪初。
耿耿清香崖菊淡，依依秀色岭梅如。
经冬结子犹堪种，一亩荒园试为锄。
细嚼花须味亦长，新芽一粟叶间藏。
稍经腊雪侵肌瘦，旋得春雷发地狂。
开落空山谁比数，烝烹来岁最先尝。
枝枯叶硬天真在，踏遍牛羊未改香。

山　茶

〔南宋〕 陆游

东园三月雨兼风，桃李飘零扫地空。
唯有山茶偏耐久，绿丛又放数枝红。

山　茶

〔南宋〕 陆游

雪裹开花到春晚，世间耐久孰如君？
凭阑叹息无人会，三十年前宴海云。

山　茶

〔北宋〕苏轼

萧萧南山松，黄叶陨劲风。
谁怜儿女花，散火冰雪中。
能传岁寒姿，古来惟丘翁。
赵叟得其妙，一洗胶粉空。
掌中调丹砂，染此鹤顶红。
何须夸落墨，独赏江南工。

山茶花

〔唐〕贯休

风裁日染开仙囿，百花色死猩血谬。
今朝一朵堕阶前，应有看人怨孙秀。

山茶花

〔清〕段琦

独放早春枝，与梅战风雪。
岂徒丹砂红，千古英雄血。

红山茶

〔明〕沈周

老叶经寒壮岁华，猩红点点雪中葩。
愿希葵藿倾忠胆，岂是争妍富贵家。

山茶花

〔明〕担当和尚

冷艳争春喜烂然，山茶按谱甲于滇。
树头万朵齐吞火，残雪烧红半个天。

【山茶鉴赏】　山茶四季常绿，树姿优美，花期较长，花色、花形丰富，叶色浓绿光洁，是中国南方重要的植物造景材料之一。

（1）造景。

① 孤植。用山茶不同的自然树形，孤植于绿化环境中，尤以草坪绿茵相衬为上。

② 群植。利用山茶自然树形，高低错落，三五成群，成丛成片，以此突出山茶的景观效果。

③ 人工整形。山茶还可以通过人工整形，供观赏应用，如：将山茶通过修剪整形，把树冠整成球形、伞形、圆柱形树冠，山茶墙树式，平卧铺地式，使山茶匍匐于地生长，铺地而生。墙树在西欧、北美应用较多，即将山茶植于向阳温暖的墙面之外，附以攀登墙架，使山

茶枝干顺墙面而升，继而覆盖墙面，颇为壮观。

④ 盆景造型。常用矮生山茶老桩或老桩嫁接，按照盆景造型方法，配以水石，可爱别致。山茶盆景的制作是靠“意境”取胜，通过人的构思立意，对自然式的山茶苗的立干、结顶、露根进行巧妙的艺术处理，以此表现舒展、奔放、潇洒的感觉。

⑤ 园林造景。在城市绿地、公园、住宅小区和城市广场等绿化中，制作花坛、花境等。

（2）山茶主题花展。

春季我国各地举办山茶主题花展，以昆明、杭州、大理、成都、温州等地最为著名。

（3）专类园。

在国内外植物或园艺研究部门，有关的园林风景区内，往往根据所具备的条件，开辟山茶植物专类园，供对山茶植物的分类学、生态学、园艺学等方面的研究之用，多数可供游客观赏。在各类山茶花专类园中，昆明植物研究所山茶园，广西南宁、桂林金花茶保护区和品种园，大理杨家花园，大理山茶花品种基地，杭州植物园的山茶园，浙江富阳中国林业科学院亚热带林业科学研究所，江西南昌省林科所，湖南长沙省林科所等的山茶种植园，温州的茶花园，金华国际山茶物种园等都是山茶花鉴赏胜地。

08　荷花——清水芙蓉

【荷花名片】 别名藕、水芙蓉、莲等，睡莲科，莲属。

荷　花

【形态特征】 多年生水生植物。根茎（藕）肥大多节，横生于水底泥中。叶盾状圆形，表面深绿色，被蜡质白粉背面灰绿色，全缘并呈波状。叶柄圆柱形，密生倒刺。花单生于花梗顶端、高托水面之上，有单瓣、复瓣、重瓣及重台等花型；花色有白、粉、深红、淡紫色等。花期6—9月，每日晨开暮闭。果（莲子）熟期9—10月。

【生态习性】 原产印度与我国。性喜湿、喜阳、水生。春季萌芽生长、夏季开花，花后长新藕，立秋后地上部分茎叶枯黄、休眠。

【生产育苗】 多采用分株育苗。

【生产管理】

（1）地栽。

① 清塘、施肥。早春放干池水，清除池塘杂物，施入基肥，再灌浅水翻土。

② 栽植。清明前后数日，选具有饱满顶芽的藕2～3节，与池底成20°～30°斜插入塘泥，间距2～4 m。种后灌水深不超过20 cm。

③ 水位调节。根据荷花生长阶段、植株高度等及时调节水位。荷花生长期间，水位一般保持在30～80 cm；开花后，逐步降低水位至5 cm左右，提高泥温和昼夜温差，以利于种藕生长；立秋后茎叶枯黄，休眠，水位保持浅水位，一般控制在20 cm以下。

（2）盆（缸）栽。

① 培养土配制。荷花要求富含腐殖质的肥沃黏壤土，土壤过于黏重影响藕鞭的伸长与藕的膨大，过于疏松易遭风害，妨碍根系发育，都不利于荷花的生长。培养土最好用塘（湖）泥，亦可用园土 4 份、黄土 3 份和砂土 3 份拌匀配制使用，土壤以 pH 在 6.5 ~ 7.5 最佳。

② 上盆。先将池塘淤泥放进盆（缸）内约 3/5 处，然后加少量水搅拌成稀泥状，最后将切取好的种藕苗栽植在盆（缸）内，一般每盆（缸）栽 2 株。

③ 摆放。上盆后，摆放在背风、向阳、地势平坦的地方养护管理。缸距一般 70 cm × 70 cm。走道 100 cm 左右，盆距 50 cm × 50 cm，走道 80 cm 左右。

④ 水位调节。上盆后 3 ~ 5 d 不必向盆（缸）内加水，待泥面出现龟裂状时才加少量水，以使种藕紧固泥中，便于发芽。随着气温上升，浮叶出现，立叶生长，逐渐向盆（缸）内加水至盆（缸）口。

⑤ 水分管理。夏季气温高，盆（缸）栽荷花应及时加水。缸栽 1 ~ 2 d 加水 1 次；盆栽每日加水 1 ~ 2 次，水温与盆（缸）内大体一致，水质要保持清洁，如发现水污浊要及时换水。秋末冬初，荷花进入眠期，不必经常加水，盆（缸）内只保持浅水即可。

⑥ 光照管理。荷花喜强光，每天保证 7 ~ 8 h 光照，能使其花蕾多，花开不断。家庭盆养荷花宜放在阳台或庭院阳光充足处。

⑦ 温度管理。荷花对温度要求甚严，一般 8 ~ 10 °C 萌芽，14 °C 藕带伸长，18 ~ 21 °C 抽生立叶，最适生长发育温度 25 ~ 30 °C，开花则需要高温，25 °C 左右生长新藕。

⑧ 施肥。盆（缸）栽荷花，可用充分腐熟的鸡粪、猪粪、牛粪、人粪、尿等作基肥，施用量一般在 200 ~ 500 g。栽后 1 个月，可用腐熟的豆饼水或人粪、尿为主的液肥追肥 1 次，浓度为 10%。抽生立叶后，再追施 1 ~ 2 次，花期每隔 7 d 追施 1 次过磷酸钙和硫酸钾。

⑨ 设立支柱。荷花花朵大而重、花径长，盆（缸）栽荷花花柄易受害折断，尤其是重瓣品种，需设立支柱固定花枝。

⑩ 防寒越冬。盆（缸）栽荷花，冬季温暖地区可以露地越冬，如长江流域。具体方法：待荷花茎叶枯黄后，将花盆（缸）深埋土中，或在花盆（缸）的周围壅土防寒。盆栽碗莲宜采取室内越冬。

⑪ 病虫害防治。荷花少病害，常见病害主要为腐烂病；常见主要害虫为蚜虫、斜纹夜蛾。发现腐烂病时，立即摘除病叶并烧毁，发病初期可用 800 倍托布津液喷洒。蚜虫发生在浮叶或小立叶出现后，斜纹夜蛾发生在 7—8 月，可用 50% 的乐果乳剂 1 500 ~ 2 000 倍液或 2.5% 的鱼藤精 500 倍液喷洒。

【荷花文化】

（1）荷花精神、品格。

在中华民族传统文化中，荷花素有“君子之花”美誉，它出尘离染，清洁无瑕，象征着高洁正直、清廉无私的高尚品格。周敦颐的《爱莲说》、杨万里的《小池》、梅尧臣的《莲塘》、郭恭的《秋池一枝莲》等都是咏荷名篇。

爱莲说

〔北宋〕周敦颐

水陆草木之花，可爱者甚蕃。晋陶渊明独爱菊。自李唐来，世人盛爱牡丹。予独爱莲之出淤泥而不染，濯清涟而不妖，中通外直，不蔓不枝，香远益清，亭亭净植，可远观而不可亵玩焉。

予谓菊，花之隐逸者也；牡丹，花之富贵者也；莲，花之君子者也。噫！菊之爱，陶后鲜有闻。莲之爱，同予者何人?牡丹之爱，宜乎众矣！

小　池

〔南宋〕杨万里

泉眼无声惜细流，树阴照水爱晴柔。
小荷才露尖尖角，早有蜻蜓立上头。

晓出净慈寺送林子方

〔南宋〕杨万里

毕竟西湖六月中，风光不与四时同。
接天莲叶无穷碧，映日荷花别样红。

莲　塘

〔北宋〕梅尧臣

不畏塘雨急，钿叶自相遮。
文禽忽惊去，冲破波上霞。

秋池一枝莲

〔唐〕郭恭

秋至皆零落，凌波独吐红。
托根方得所，未肯即随风。

（2）荷花的佛教文化。

荷花是佛教四大吉花之一，又是八宝之一，也是佛教九大象征之一。荷花在印度佛教文化中的地位很高，可以说莲即是佛，佛即是莲。据佛教故事记载释迦牟尼降生，“东南西北，各行七步，步步生莲花”。

荷花是佛教艺术中常见的符号，它被赋予清静祥瑞、驱浊避邪的含义，并象征着崇高圣洁和美好清廉。荷花之美，正与佛教之精髓相契合。它洁身自处，傲然独立；其根如玉，不着诸色；其茎虚空，不见五蕴；其叶如碧，清自中生；其丝如缕，绵延不断；其花庄重，香馥长远；不枝不蔓，无挂无碍；更喜莲子，苦心如佛。

【荷花鉴赏】　园林中各式各样的荷花造景，各俱风采，美化环境。

（1）湖塘荷花造景。

在广阔的湖塘水面上，遍植荷花，能表现出碧叶连天、荷浪翻卷的壮丽景观。如杭州西湖、武汉东湖、承德避暑山庄等。在古典园林植物的配置中，荷花与垂柳成为一种传统程式，“四面荷花三面柳，一城山色半城湖”“四壁荷花三面柳，半潭秋水一房山”等都客观而形象地描绘了荷柳的秀色。

（2）荷花专类园造景。

全国各地都有荷花造景的专类园。其中以杭州西湖的“曲院风荷”最负盛名。全园在布局上突出了“碧、红、香、凉”的意境美，即荷叶的碧，荷花的红，熏风的香，环境的凉，种植了西湖红莲、绍兴红莲、粉十八、青莲子等品种，并留出一定的水域种植睡莲和王莲，与湖岸的翠竹、垂柳相映，景色秀美。

（3）庭院水池植荷造景。

古代园林中，常采用人工凿池种荷造景，以苏州拙政园的“远香堂”“荷花四面亭”“芙蓉榭”“留听阁”等最为著名。现代园林式别墅、庭院植荷造景，常与其他水生花卉相结合。粉红的荷花与浮水植物如睡莲、荇菜相配，颜色协调，相得益彰，再加上以粗犷的芦苇、水葱及秀丽的落新妇等，高低错落，野趣横生。

09　桂花——九里飘香

【桂花名片】 别名木樨、九里香，木樨科，木樨属。

桂　花

【历史档案】 中国桂花树栽培历史达 2 500 年以上。始于春秋战国，兴于唐宋，昌盛于明初。18 世纪由广州传入印度、英国，至今欧美许多国家以及东南亚各国均有栽培，以地中海沿岸国家的生长为最好。

【形态特征】 常绿灌木至小乔木，高达 12 m。冬芽具 2 芽鳞，芽叠生。单叶对生，革质，椭圆形或椭圆状披针形，端急尖或渐尖，基楔形或阔楔形；幼树或萌芽枝上的叶疏生，锯齿，大树之叶全缘。叶柄长 1 ~ 2 cm。聚伞状花序簇生于叶腋，花小，黄白色，浓香；花期 9 ~ 10 月。核果椭圆形，长 1 ~ 1.5 cm，熟时紫黑。

【分类品种】

（1）金桂。树高大，树冠浑圆。叶广椭圆形，叶缘波状，浓绿有光泽。幼龄树叶缘上半部有锯齿。花金黄色，易脱落，香气浓郁。

（2）银桂。花色黄白或淡黄，香气略淡。叶较小，椭圆形、卵形或倒卵形。

（3）丹桂。花色橙黄或橙红，香气较淡。叶较小，披针形或椭圆形。

（4）四季桂。花色黄或淡黄，花期长，除严寒酷暑外，数次开花，但以秋季为多，香味淡。叶较小，多呈灌木状。

（5）子桂。树冠半圆形，枝略下垂，长势弱。叶椭圆形，网状脉明显，无光泽。花黄白色，不易脱落，能结实。

【生态习性】 喜光，但在幼龄期要求一定的蔽荫，成年后要求有充足的光照。适生于温暖湿润的亚热带气候，有一定的抗寒能力，但不甚强。对土壤要求不严，除涝地、盐碱地外都可栽培。以肥沃、湿润、排水良好的砂质壤土最为适宜。土壤不宜过湿，遇涝渍危害，根系易腐烂，叶片脱落，导致全株死亡。

【生产育苗】 以嫁接、扦插育苗为主，亦可播种、压条育苗。

（1）嫁接育苗。以腹接成活率高。一般在3—4月进行，砧木多用女贞、小叶女贞、小蜡等。其中用女贞作砧木，嫁接成活率高，初期生长快。但亲和力差，接口愈合不好，风吹容易断离，要注意保护。

（2）播种育苗。5月随采随播，秋季有部分发芽出苗。种子经沙藏至翌春播种，4月出苗。苗期生长快，经2～3年培育即可栽植。始花期长，一般不采用播种育苗。

（3）扦插育苗。一般用6月中、下旬或8月下旬的嫩枝扦插，选取半熟枝带踵插条，顶部留2片叶，扦插深度为插条的2/3。插后压实，充分浇水，随即架双层棚遮阴，经常保持湿润。荫棚内的温度要求维持在25～28 °C，相对湿度保持在85%以上。2个月后，插条产生愈合组织，并陆续发出新根。11月份拆除荫棚，保护过冬。亦可采用硬枝扦插，成活率亦高。

（4）压条育苗。

① 高压法。一年四季都可进行，以春季发芽前较好。高压因费工太多，数量有限，有时还会伤害母株，应用不多。

② 低压法。低压必须选用低分枝或丛生母株。一般在3—6月，将其下部1～2年生的枝条，压入3～5 cm深的沟内，填土平覆沟身，并用木桩或竹片固定被压枝条，仅使梢端和叶片外留，注意保持土壤湿润，翌年春季与母株分离，成为新植株。

【生产管理】 桂花耐移植。春秋季均可进行。以春移为宜，暖地则以秋植为好。定植前要施足基肥。春夏各追施1次。桂花萌发力强，有自然形成灌丛的特性，培育高植株，需适当抹芽，凡生长旺盛的植株，1年需进行2次。

【桂花文化】

桂花是我国苏州、桂林、杭州、信阳、威海等市的市花。

桂花因为叶子像圭而称“桂”；纹理如犀，又叫木樨；其清雅高洁，香飘四溢，被称为“仙友”；桂花又被称为“仙树”“花中月老”。桂花通常生长在岩岭上，也叫“岩桂”；桂花开花时浓香致远，其香气具有清浓两兼的特点，清可荡涤，浓可致远，因此有“九里香”的美称；黄花细如粟，故又有“金粟”之名；桂花为“仙客”；花开于秋，旧说秋之神主西方，所以也称“西香”或“秋香”。

桂花树是崇高、贞洁、荣誉、友好和吉祥的象征，凡仕途得志，飞黄腾达者谓之“折桂”。

桂花花语：我国寓意桂花为“崇高”“美好”“吉祥”“友好”“忠贞之士”“芳直不屈”“仙友”“仙客”；寓桂枝为“出类拔萃之人物”及“仕途”；欧美寓桂枝为“光荣”“荣誉”。

桂花是和平、吉祥、爱情、高尚的象征。古代人们就常把桂花作为珍贵礼品馈赠。战国时，燕、赵两国互赠桂花，表示友好往来。桂花是启迪向上和赠送优胜者之花。我国科举时代将考取进士喻为“蟾宫折桂”。现在，人们仍将获取各种特殊荣誉称为“桂冠”。人们常用“桂馥兰芳”来祝福子孙仕途昌达，光宗耀祖。我国有的地区还将桂枝编成催生符，送给产妇，表示吉祥如意，由于“桂”与“贵”谐音，又有祝福这家人喜得贵子之意。我国广西少数民族的青年男女中有“一枝桂花一片心，桂花树下结终身”的佳话，每当桂花盛开之时，相爱的人便在桂花树下轻歌漫语，互吐柔情，折花相赠，表示爱情像月宫中的桂树一样万古长青，生活像桂花一样香甜美好。

民间常用桂花作吉祥图案，桂花和莲花的图案寓意“连生贵子”；桂花与桃花的图案寓意“贵寿无极”；桂花与兰花画在一起，寓意“兰桂齐芳，子孙昌盛显达”；桂花芙蓉图寓意“夫荣妻贵”。

世界上不少国家都尊崇桂花。在古希腊神话中，桂花是崇高和荣誉的象征。英国王室将优秀诗人称为“桂冠诗人”，俄国的“优胜者”一词从“月桂”衍变而来。

历代文人墨客尊崇、赞誉桂花，著名咏桂诗词摘录如下。

鸟鸣涧

〔唐〕 王维

人闲桂花落，夜静春山空。
月出惊山鸟，时鸣春涧中。

桂　花

〔宋〕 吕声之

独占三秋压众芳，何夸橘绿与橙黄。
自从分下月中秋，果若飘来天际香。

丑奴儿

〔北宋〕 李纲

枝头万点妆金蕊，
十里清香。十里清香。
解引幽人雅思长。
玉壶贮水花难老，
净几明窗。净几明窗。
褪下残英簌簌黄。

木　犀

〔南宋〕 朱淑真

弹压西风擅众芳，十分秋色为谁忙。
一枝淡贮书窗下，人与花心各自香。
月待圆时花正好，花将残后月还亏。
须知天上人间物，何禀清秋在一时。

鹧鸪天

〔南宋〕 李清照

暗淡轻黄体性柔，情疏迹远只香留。
何须浅碧深红色，自是花中第一流。
梅定妒，菊应羞，画栏开处冠中秋。
骚人可煞无情思，何事当年不见收。

咏岩桂

〔南宋〕 朱熹

亭亭岩下桂，岁晚独芬芳。
叶密千层绿，花开万点黄。
天香生净想，云影护仙妆。
谁识王孙意，空吟招隐章。

【桂花鉴赏】 桂花终年常绿，花期正值仲秋，有“独占三秋压群芳”的美誉，园林中常作孤植、对植或丛（片）植。

我国栽培桂花历史悠久，赏桂胜地众多，以武汉、苏州、桂林、咸宁、杭州等地最为著名。

（1）武汉新洲桂花基地。武汉市新洲区现有桂花基地 866.7 公顷（13 000 亩），主要分布在仓埠，有基地 34 个，其中 33.3 公顷（500 亩）以上 11 个，最大的桂花园，面积近 266.7 公顷（4 000 亩），这也是全国最大的桂花园，还有华中最大的丹桂园，面积 66.7 公顷（1 000 亩）。其一，桂花品种最多，有 157 个品种，全国最多。其二，桂花珍品多，其中早红丹桂面积 66.7 公顷（1 000 亩），是华中最大的丹桂园。其三，桂花繁育基地面积最大，正在繁育的桂花苗已有 400 万株，华中最大。

（2）苏州桂花公园。桂花公园建成于 1998 年 10 月，占地 16.5 公顷，位于苏州古城的东南隅，收集的品种有 50 个，分属四季桂和秋桂两大类及其四季桂、银桂、金桂和丹桂 4 个品种群。桂花公园是以苏州市的市花“桂花”命名。园内花灌木以常绿植物为主，品种达 260 余种，其中不乏名贵稀有树种。尤以桂花树种为特色，园中桂花品种之丰富，数量之多，居国内首位。苏州桂花公园为国内桂花品种收集和种植数量最多的专类园。种植有一些久闻其名而无缘相见的知名品种，如九龙桂、一串红和雪桂等，这些品种除桂花公园有一定量保存外，别处均不多见。

（3）“中国桂花之乡”咸宁。咸宁市桂花栽培历史悠久。据史料载，2300 多年前战国时期诗人屈原途经咸宁写下了“奠桂酒兮椒浆”“沛吾乘兮桂舟”的美妙诗句。500 年前民间就有酿制桂花美酒的传统。咸安现存少量千年古桂。咸宁桂花在种植面积、品种数量、古桂数量、桂花产量、桂花质量和桂花苗木等六方面均位居全国第一。该市桂花品种数量、古桂数量、种植面积、桂花产量、桂花质量等五个主要资源指标始终保持全国领先地位。全市 6 个县市区 45 个乡镇均分布有桂花，拥有金桂、银桂、丹桂、四季桂四大品种群，近 30 个桂花品种，现存地径 5 cm 以上桂花 150 万株，折合面积 30 多平方千米（5 万多亩）。特别是全市百年以上古桂达 2 000 株，占全国 2 200 株的 91%。1963 年和 1983 年国家先后两次命名咸宁为“桂花之乡”；2000 年，国家再次命名咸宁市咸安区为唯一的“中国桂花之乡”。

（4）六安。电视剧《八月桂花遍地开》的背景地陆安洲即是现今的六安，六安又称陆安，因读音相同，常被写作陆安。中国桂花最大产区，集中产区之一。《八月桂花遍地开》是由大别山民歌《八段锦》的曲调改编而成，传唱至今，经久不衰。

（5）杭州。杭州用桂花做市花在于更深层次的内涵，桂花是一种有内涵的花。首先它的香气浓郁，优雅怡人。每当金秋时节桂花开放时，杭州满城弥漫着桂花香，令人感觉舒畅欢愉。其次，历代文人墨客对杭州桂花的吟诵数不胜数，可见桂花在杭州的种植也是很有历史的，并且是千百年来一直为人们所喜欢的。所有在桂花时节来杭州游玩的游客无不为其倾倒，桂花香已经成为了杭州的一种标志。

（6）桂林。桂林市的市花是桂花。在桂林这个风景优美，世界闻名的旅游名城，“甲天下”的桂林山水吸引了中外的许多人士，在桂林有“桂林桂林，桂树成林”的俗语。桂林的桂花种类繁多，有金桂、银桂、丹桂、四季桂 4 个品种群，约 63 个品种。除了常见的品种，桂林的石山上还生长着石山桂、狭叶桂等桂林独有的桂花品种。桂林的桂花种类之齐全、品种之多，在国内都少见。

10 水仙——凌波仙子

【水仙名片】 别名凌波仙子、天葱、雅蒜、金盏银台、落神香妃、玉玲珑、金银台、姚女花、女史花等，石蒜科，水仙属。

水 仙

【历史档案】 中国水仙的原种由唐代从意大利引进，是法国多花水仙的变种，在中国已有 1 000 多年栽培历史，经上千年的选育而成为世界水仙花中独树一帜的佳品，为中国十大传统名花之一。因为鳞茎生得颇像洋葱、大蒜，故六朝时称“雅蒜”、宋代时称“天葱”。宋代就已受人注意和喜爱。

【形态特征】 鳞茎卵状至广卵状球形，外被棕褐色皮膜。叶从鳞茎顶部丛出，4 ~ 6 枚丛生，叶狭长带状，扁平，长 30 ~ 80 cm，宽 1.5 ~ 4 cm，全缘，面上有白粉。花葶自叶丛中抽出，高于叶面；伞形花序，着花 4 ~ 8 朵，白色，芳香；副冠碗状，短于花被片；花期 12 月至翌年 1 月，花茎高 15 ~ 25 cm。

【分类品种】 中国水仙花主要有两个品种，一种是单瓣的，六片白色的花瓣向四边舒展，中间长有一个酒杯状的金黄色副花冠，名为“金盏银台”，俗称“酒盏水仙”，清香浓郁；另一种是重瓣的，卷皱的花瓣层层叠叠，上端素白，下端淡黄，雅号“玉玲珑”，俗称“百叶水仙”，香气稍淡。

【生态习性】 喜凉爽，忌高温，生长适温为 12 ~ 18 °C，有一定的耐寒能力，越冬温度不宜低于 – 3 °C。喜阳光充足，通风环境；喜湿润肥沃的砂质壤土。

【生产育苗】 以分球为主，亦可播种、组织培养。分球繁殖：将母球上自然分生的小鳞茎（俗称脚芽）掰下来做种球，另行栽植。为培育新品种则可采用播种法。

【生产管理】 水仙栽培有旱地栽培、水田栽培与无土栽培三种方法：

（1）旱地栽培。每年挖球之后可将立即用小侧球种植，也可到9—10月种植。用单球点播，单行或宽行种植，株行距为6 cm×25 cm或6 cm×15 cm。旱地栽培，养护较粗放，除施2～3次水肥外，不常浇水。单行种植常与农作物间作。

（2）水田栽培。8—9月把土地耕松，然后放水漫灌，浸田1～2周后，把水排干，再耕翻数次，深度35 cm以上，使土壤充分熟化，并施足基肥，作畦，畦宽120 cm，高40 cm，沟宽35 cm左右，必须做到流水畅通。9月底至10月种植，株行距随种球大小而异，一般采取小株距、大行距，三年生小鳞茎15 cm×40 cm，两年生则为12 cm×35 cm。栽植时要注意芽向，使抽叶后叶子的扁平面与沟相平行。覆土5～6 cm，泼施腐熟人粪、尿，使充分吸收，然后引水入沟，水高至畦腰，水渗透整个畦面后，再排干水，切畦边土覆盖畦面，使畦边垂直，覆盖稻草，使沟内水分沿稻草上升至畦面，保持经常湿润。

鳞茎极易感染病菌，种植前用40%的甲醛100倍液浸5 min进行消毒。

为了使鳞茎球经过最后1次栽培后迅速增大，有利于开花，需对三年生鳞茎在种植前进行“阉割”，即保留鳞茎中心的主芽，挖去两侧腋芽，使养分集中供应主芽，以主芽为中心，重新膨大形成下一年开花的更新鳞茎和分生成数个侧生小鳞茎，在同一鳞茎盘上形成一组笔架形的鳞茎。手术要求在种植前2～4 d内进行，先将鳞茎两侧的小鳞茎摘除，再剥去外皮。操作时左手握鳞茎，使鳞茎盘朝外，用金属的锐利薄刀，刀口自上而下向茎盘方向斜切，切入7～8层鳞片，挖净腋芽，不可伤及鳞茎盘和主芽。手术后切口流出白色黏液，放阴凉通风处，待干燥后再行栽种。

肥料以基肥为主，按种植球的大小，分别每周或10 d或半月追肥1次，初期施人粪尿加少许尿素，后期适当增施磷肥。

生长期间需充足的水分，根冠部分宜浸在水中，鳞茎盘以上需保持土壤湿润，茎叶生长期需较高的空气相对湿度，梅雨季节要注意排水。三年生球要采用串灌，即水从一头引入，另一头流出，使种植畦四周的水长流不息。芒种以后开始放水排干，待地上部枯萎后（约夏至前）起掘，须根留0.5～1.0 cm，其余剪除，并用泥浆将鳞茎盘和两侧小鳞茎封上，以免小鳞茎脱落，封土后将鳞茎盘朝上铺于干燥地面晒干，然后倒置堆放在阴凉通风的室内贮藏。

（3）无土栽培。这种新型栽培方式是地栽方法的改进。栽培需设宽150 cm、深30～40 cm的盛营养液的栽培槽，槽内放蛭石、经腐熟的木屑或珍珠岩。生长期间的营养要全面，pH为6～7。初栽时每周施肥1～2次，生长旺盛期，每周施2～3次，5月后停止施肥。

（4）水养。秋冬之际，选健壮饱满的鳞茎，用潮湿砻糠灰或泥炭略加覆盖，放暗处生根，然后以水石养于浅盆中，放阳光充足处，12～20 °C的条件下，约4～5周即可开花。阳光不足或温度过高，植株纤弱，花期短暂。每天夜间将盆内水倾出，次晨再添新水，并保证有充足的阳光、适宜的温度，才可使植株矮壮，花期延长。

水仙球经过选球、雕刻、组型等艺术加工，可产生各种生动的造型，提高观赏价值。水养的鳞茎开花后，因养分消耗而空瘪，这种鳞茎，没有产生更新鳞茎的能力，来年不能开花。

【水仙文化】 水仙花独具天然丽质，芬芳清新，素洁幽雅，超凡脱俗。因此，人们自古以来就将其与兰花、菊花、菖蒲并列为花中“四雅”；又将其与梅花、山茶花、迎春花并列为雪中“四友”。它只要一碟清水、几颗鹅卵石，置于案头窗台，就能在万花凋谢的寒冬腊月展翠吐芳，春意盎然，祥瑞温馨。

在东方，水仙花被称之为“凌波仙子”，花如其名，绿裙、青带，亭亭玉立于清波之上，素洁的水仙花花朵超尘脱俗，高雅清香，格外动人，宛若凌波仙子踏水而来。水仙花语有两说：一是“纯洁”或“纯洁的爱情”，专用于妇女，赞扬其品德；二是“吉祥”，用于亲友及其家庭，祝愿走好运。过年时，水仙花则象征着思念和团圆。

在西方，水仙花的花语是坚贞爱情，源于古希腊神话：谁不忠实于爱情，要受复仇女神惩罚，使他死于水，变成水仙花。故西方水仙花的名字意译便是“恋影花”，引申便是自省对爱情的诚挚。

亭亭玉立、淡妆素裹的水仙花，犹如天上下凡的仙女，无不引发人们浮想联翩，成为诗人尽情吟咏歌颂的对象。诗人们吟水仙，多从水仙名字着眼，把它视作下凡天仙如洛神湘妃、汉滨仙女、姑射仙、素娥青女等。赞美水仙花的著名诗篇，摘录共赏。

王充道送水仙花五十枝

〔北宋〕 黄庭坚

凌波仙子生尘袜，水上轻盈步微月。
是谁招此断肠魂，种作寒花寄愁绝。
含香体素欲倾城，山矾是弟梅是兄。
坐对真成被花恼，出门一笑大江横。

咏水仙

〔北宋〕 刘邦直

借水开花自一奇，水沉为骨玉为肌。
暗香已压荼蘼倒，只此寒梅无好枝。

明代诗人陈淳有诗道：“玉面婵娟小，檀心馥郁多。盈盈仙骨在，端欲去凌波。”水仙花具有朴素高洁的品格，赢得无数名人的赞美。

宋代刘灏诗云：“清香自信高群品，故与江梅相并时。”这是赞美水仙高出群品的清香。

明代李东阳诗云：“澹墨轻和玉露香，水中仙子素衣裳。风鬟雾鬓无缠束，不是人间富贵妆。”这是赞水仙朴素无华的品行。

【水仙鉴赏】 盆栽鉴赏、制作切花。水仙花分布的范围极小，因园山挡住了烈日，园山在斜影所及的地方日照较短，为水仙花栽培创造了有利条件而成为观赏水仙花胜地。

漳州园山，漳州八大胜地之一，当地有歌云：“园山十八面，面面出王侯，一面不封侯，出了水仙头。”

项目九　世界名花生产与鉴赏

01 红　掌

红　掌

【红掌名片】 别名红苞芋、火鹤、安祖花，天南星科，花烛属。

【形态特征】 多年生附生常绿草本花卉，根肉质，叶常绿，丛生革质，长圆披针形，先端尖，基部心形，佛焰苞直立开展，肉穗花序圆柱形，先端黄色，下部白色，花两性，花期 2—7 月。温室栽培可周年开花。

【分类品种】 生产栽培种类繁多，同属其他观赏种类有大花花烛、剑叶花烛、水晶花烛等，红掌依生产目的不同分为 3 类，分别为切花类（肉穗直立）、盆花类（肉穗花序弯曲）和观叶类（叶片具美丽图案，如水晶花烛）。

【生态习性】 喜高温、高湿及半阴的环境，忌阳光直射，生长适温 25 ~ 28 °C，昼夜温差 6 °C 有利于生长发育，不耐寒，13 °C 以下或 32 °C 以上生长停止。空气相对湿度 80% 以上为宜，适宜光照强度 15 000 ~ 25 000 lx。忌积水，喜疏松、肥沃、排水良好的微酸性土壤。

【生产育苗】 以组培育苗为主，亦可分株、扦插育苗。大规模生产时，常用组培育苗。分株育苗一般在春季结合换盆时进行，选择具 3 片以上真叶的子株，在母体上连茎带根分割，立即用水苔包扎移栽于盆内，保温、保湿，促发新根后，重新栽植，约 2 ~ 3 年换盆 1 次。

【生产管理】

（1）基质配制。选择草炭、树蕨、碎渣、碎木炭等配制混合基质，生产中常用 2 份泥炭和 1 份珍珠岩再加少量过磷酸钙或骨粉配成无土栽培基质。

（2）上盆/换盆。上盆或换盆时，先在盆下部 1/4 ~ 1/3 深度填充颗粒状的碎砖块等物，然后填一层基质，将幼苗放置盆中央，保持根系伸展，继续填基质至水口，浇透水。

（3）温光管理。红掌喜半阴，全年宜于适当遮阳的条件下栽培，遮光率应视气候情况控制在 60% ~ 80%，但适当增强光线对开花有利，为使花叶俱佳，可使其在不受强光直射的前提下尽可能多地接受光照。红掌对温度较敏感，适宜生长温度 18 ~ 28 °C，昼夜温差 3 ~ 6 °C，有利于养分吸收和积累，对生长开花极为有利。

（4）肥水管理。生长季节，每 2 周向根部追肥 1 次，以腐熟有机质液肥为主，并配合施用磷、钾肥或复合肥。当花茎抽出时可用枝条支撑植株，每周施追肥 1 次，现蕾后更不能缺肥，休眠期时适当节水控肥。盆土应见干见湿，长期水湿容易烂根，但喜较高的空气湿度，生长期间以 80% ~ 85%为宜，而幼苗移植时空气湿度需增加至 85% ~ 90%。因此，需每天向叶面及周围喷水、喷雾以保持湿度。

（5）pH 调节。红掌最适宜 pH 控制在 5.2 ~ 6.1。

（6）病虫害防治。病虫害主要有炭疽病、叶斑病和花序腐烂病等，可用波尔多液或 65% 的代森锌可湿性粉剂 500 倍液喷洒。虫害有介壳虫和红蜘蛛，可用 50% 的马拉松乳油 1 500 倍液喷杀。

【红掌鉴赏】 红掌花序独特，色彩艳丽，叶片附有蜡质，光亮如漆，叶形秀美，全年开花不绝，宜作高档盆花盆栽观赏，亦可作切花。

02　唐菖蒲

【唐菖蒲名片】 别名剑兰、十样锦、十三太保，鸢尾科，唐菖蒲属。

【形态特征】 球茎类球根花卉，地下具球茎，外被膜质鳞片。基生叶剑形，常 7 ~ 9 枚。穗状花序顶生，花葶自叶丛中抽出，着花 8 ~ 20 朵，小花漏斗状。花色丰富，有白、黄、橙、橙红、粉、红等色。花径 7 ~ 18 cm，花期 6—7 月。

【生态习性】 喜阳光充足、温暖、通风良好的环境。典型长日照花卉，每天光照 14 h 以上才能开花。生长适温白天 20 ~ 25 °C、夜温 12 ~ 18 °C。要求土层深厚、土质疏松、排水通畅、富含有机质的微酸性砂质壤土，忌干旱，忌水涝。

【生产育苗】 常采用分球繁殖，亦可播种。

唐菖蒲

【生产管理】

（1）整地作畦。切花唐菖蒲一般采用高畦栽培，畦高 30 cm 左右，畦宽 0.8 ~ 1 m，畦沟宽 30 ~ 40 cm。每 667 m^2 施腐熟有机肥 2 000 kg、过磷酸钙 50 ~ 80 kg、复合肥 50 kg，施后拌匀。土壤可用 40% 的甲醛 50 倍液喷洒进行土壤消毒。具体过程：喷洒后用塑料膜密闭 2 ~ 3 d 后，揭开塑料膜，待 2 周后使用。

（2）定植。从定植到开花约 2 ~ 3 个月，生产中可根据当地的气候、切花上市时间等进行分批定植。株行距因品种、生产栽培类型等有所差异。

（3）肥水管理。除施足底肥外，生长期需追肥 3 次，第 1 次在小苗 2 片叶子时施肥，促进茎叶生长；第 2 次在 3 ~ 4 片叶时施肥，促进茎叶生长、孕蕾；第 3 次在开花后施肥，促进新球发育。幼苗在 2 ~ 3 片叶时，每 7 ~ 10 d 浇 1 次水；植株在 3 ~ 4 片叶时，应少浇水，以利于花芽分化。雨季要注意排水防涝，花后要减少浇水量。

（4）常见问题处理。唐菖蒲设施栽培时，易出现“盲花”现象。处理措施：花芽分化后，注意通风；苗期温度应保持在 10 ~ 15 °C，随植株生长可加温至 20 ~ 25 °C；每天保持 14 h 左右的光照。

【唐菖蒲鉴赏】 布置花坛、花境，切花。

03　非洲菊

非洲菊

【非洲菊名片】　别名扶郎花、灯盏花、秋英、波斯花，菊科，大丁草属。

【形态特征】　多年生草本。全株具细毛，叶基生，叶长椭圆形至长圆形。花序单生，花有红、橙红、黄色等色。花期 11 月至翌年 4 月。

【生态习性】　喜冬暖夏凉、空气流通、阳光充足的环境，不耐寒，忌炎热。喜疏松肥沃、排水良好、富含腐殖质、土层深厚的中性偏酸的砂质壤土，忌积水，忌黏重土壤。生长适温 20 ~ 25 °C，低于 10 °C 停止生长，可忍受短期的 0 °C 低温。

【生产育苗】　常采用播种繁殖。

【生产管理】

（1）整地作畦。切花非洲菊一般采用高畦栽培，畦高 30 cm 左右，畦宽 0.8 ~ 1 m，畦沟宽 30 ~ 40 cm。每 667 m^2 施腐熟有机肥 2 000 kg、过磷酸钙 50 ~ 80 kg、复合肥 50 kg，施后拌匀。土壤可用 40% 的甲醛 50 倍液喷洒进行土壤消毒。具体过程：喷洒后用塑料膜密闭 2 ~ 3 d 后，揭开塑料膜，待 2 周后使用。

（2）定植。从定植到开花约 5 ~ 6 个月，生产中可根据当地的气候、切花上市时间等进行定植。定植株行距 30 cm × 30 cm，注意保持根系舒展，苗基部必须高出土壤表面，移栽后浇透水。

（3）生产环境调控。营养生长阶段，要求温度 20 ~ 25 °C，光照在 50% ~ 60%。生殖生长阶段保证光照充足，忌强光直射。

（4）肥水管理。除施足底肥外，营养生长阶段，追施复合肥 2 ~ 3 次。生殖生长阶段，保证植株有充足的肥源，一般 N、P、K（质量比）的比例以 15 : 8 : 25 为宜，根据叶色、花色等植株生长状况，进行施肥。为提高切花品质，亦可采用叶面喷施补充微量元素等，10 ~ 15 d 喷 1 次，每次用 0.1% 的磷酸二氢钾、0.1% ~ 0.2% 的硝酸钙或 0.1% ~ 0.2% 的螯合铁、0.1% ~ 0.2% 的硼砂或硼酸和 5 ~ 10 mg/kg 的钼酸钠混合液进行叶面交替喷施。整个生长期，保持土壤水分 70% ~ 80%。

【非洲菊鉴赏】　切花，亦可盆栽。

04　马蹄莲

【马蹄莲名片】　别名慈姑花、水芋马，天南星科，马蹄莲属。

【形态特征】　多年生块茎类球根花卉。叶卵状箭形。佛焰苞马蹄形，白色；肉穗花序圆柱形，鲜黄色。花期 3—8 月。

【生态习性】　喜温暖湿润、半阴的环境，夏季遮光 50%。生长适温白天 15 ~ 24 °C，夜间不低于 15 °C，冬季能耐 4 °C 低温。喜湿润、疏松肥沃、排水良好的微酸性土壤。

马蹄莲

【生产育苗】 分株。

【生产管理】

（1）整地作畦。切花马蹄莲一般采用高畦栽培，畦高 30 cm 左右，畦宽 1 ~ 1.2 m，畦沟宽 40 ~ 50 cm。每 667 m^2 施腐熟有机肥 2 000 ~ 4 000 kg，还可加施过磷酸钙、骨粉等，施后拌匀。

（2）定植。从定植到开花约 3 ~ 4 个月，生产中可根据当地的气候、切花上市时间等进行定植。采用双行定植，株行距 50 cm × 60 cm，定植后浇透水。

（3）生产环境调控。马蹄莲耐阴，夏季要适当遮阳。周年生产，要求温度 15 ~ 24 °C。

（4）肥水管理。除施足底肥外，进入花期追肥数量要增多，每周施用 0.2% 的复合肥 1 次，保证切花品质。生长期需水较多，要保持土壤的湿润，同时提高生产环境空气湿度，花后或休眠期要控制水分供应。

【花语】 忠贞不渝，永结同心。

【马蹄莲鉴赏】 布置花坛，切花或盆栽。

05 一品红

【一品红名片】 别名圣诞花、猩猩木，大戟科，大戟属。

一品红

【形态特征】 常绿或半常绿灌木。茎直立而光滑，髓部中空，全身具乳汁。单叶互生，卵状椭圆形至阔披针形。开花时枝顶的节间变短，上面簇生出红色的苞片，是主要的观赏部位。小花顶生在苞片中央的杯状花序中。花期 12 月至翌年 3 月。

【生态习性】 性喜温暖湿润的环境，不耐寒。适宜生长的温度，白天为 20 °C，晚间为 15 °C。当气温降到 10 °C 时开始落叶并休眠，气温回升后侧枝萌发新枝，开花时气温不得低于 15 °C。一品红属典型的短日照阳性植物，不耐阴。但在夏季高温强光时，要防止直射光，增加空气湿度，以减少叶片卷曲发黄，避免植株基部“脱脚”。对土壤要求不严，怕干旱、耐瘠薄，喜酸性土壤，pH 为 5.5 ~ 6 时最适宜生长。

【生产育苗】 主要采用扦插育苗。

（1）扦插时间。切花（4 月下旬至 7 月下旬）、盆栽 7 月。

（2）插穗选择。插穗长度通常 12 ~ 15 cm，或带 4 ~ 5 片叶。插条下部的叶片剪去 2 ~ 3 片，保留上面 2 ~ 3 片叶。

（3）插穗处理。插穗剪好后立即直立浸泡在清水中，一是防止凋萎，二是浸去剪口分泌出的乳汁。浸泡时间 1 ~ 2 h，不宜太长。

（4）扦插。扦插深度约为插穗长度的 1/2。

（5）插后管理。15 ~ 20 °C、遮阴、喷水。插后 1 周开始生根，3 ~ 4 周后可移栽。

【生产管理】

（1）盆土配制。园土 2 份、腐叶土 1 份、堆肥土 1 份。pH 为 5.8 ~ 6.2。

（2）浇水。夏天每天早晚各 1 次。一般表土 1/3 干就应浇水。相对湿度保持 60% ~ 90%。

（3）施肥。施足基肥外，在摘心后 7 ~ 10 d 即应开始追肥，薄肥勤施，每周 1 次。肥料可用腐熟的饼肥水等，开花前宜施一些过磷酸钙等水溶液，可使苞片色泽艳丽。

（4）药剂处理。一般用 0.5% 的 B_9 浇灌盆土或 1 500 ~ 3 000 mg/L 的矮壮素、15 ~ 60 mg/L 的多效唑喷施叶面。

【一品红鉴赏】　布置花坛，盆栽观赏。

06　文心兰

【文心兰名片】　别名跳舞兰、金蝶兰、瘤瓣兰、舞女兰，兰科，文心兰属。

【形态特征】　多年生常绿丛生草本植物。株高 20 ~ 30 cm，假鳞茎扁卵圆形，绿色，顶生 1 ~ 3 枚叶，总状花序，腋生于假鳞茎基部，花茎长 30 ~ 100 cm，花朵唇瓣为黄色、白色或褐红色，单花期约 20 天，花朵数多达几十朵。

文心兰

【生态习性】　原产热带、亚热带地区，耐干旱，喜高温多湿的环境，忌闷热，生长最适温 15 ~ 28 °C，低于 8 °C 或高于 35 °C 易停止生长，忌强光直射，夏天应遮光 50%，春季、秋季则应遮光 30%，冬季可采用全光照。大面积工厂化栽培文心兰，空气湿度宜控制在 80%。

【生产育苗】　主要采用组织培养繁殖，亦可分株繁殖。工厂化生产一般采购组培苗，分株常用于家庭少量栽培。

【生产管理】

（1）基质配制。盆栽基质一般用泥草炭土、椰糠和苔藓按 4∶3∶3（质量比）的比例配制而成。亦可用苔藓和椰糠、木炭和蕨根等按一定比例配制。

（2）栽植。文心兰的气生根生长旺盛，栽植宜浅，一般要露出根茎，同时，盆底部可放些碎砖块、瓦片、泡沫塑料等以利于透水通风。

（3）施肥。上（换）盆时，可施豆饼、复合肥等作为基肥，生长期 15 ~ 20 d 施液肥 1 次，开花前期以施磷肥为主。

（4）浇水。浇水不宜太勤，一般情况下，夏天每 3 d 浇 1 次水，春秋季每 5 d 浇 1 次水，冬季温室内空气湿度太大，一般每 7 d 浇 1 次水。

（5）病虫害防治。文心兰常见病有黑斑病、炭疽病等，发病初期，可用 40% 的灭病威 600 ~ 800 倍液或 25% 多菌灵 400 ~ 600 倍液喷洒防治。

【文心兰鉴赏】 宜作鲜切花，亦可盆栽观赏。

07 蟹爪兰

【蟹爪兰名片】 别名蟹爪莲、蟹爪、圣诞蟹爪兰、仙人花，仙人掌科，蟹爪兰属。

蟹爪兰

【形态特征】 多年生附生性常绿草本花卉，叶状茎扁平多分枝，常簇生而悬垂，茎节肥厚，鲜绿色，先端截形，边缘具粗锯齿。花着生于茎的顶端，花被开张反卷，花色有淡紫、黄、红、纯白、粉红、橙和双色等。花期 12 月至翌年 3 月。

【分类品种】 蟹爪兰选育出栽培品种 200 余种，根据花色不同常分为：① 白花系列，如圣诞白、多塞；② 黄花系列，如金媚、圣诞火焰；③ 橙花系列，如安特；④ 紫花系列，如马多加；⑤ 粉花系列，如麦迪斯托等。

【生态习性】 喜温暖湿润、半阴的环境，不耐寒，生长适温 15 ~ 25 °C，冬季开花时温度应不低于 10 °C。夏季避免暴晒和雨淋。要求肥沃、排水良好的微酸性沙壤土。

【生产育苗】 以扦插和嫁接育苗为主。

（1）扦插育苗。在温室一年四季均可进行，但以春季开花后或秋季孕蕾前进行最为适宜。选择健壮充实的茎节，剪取 2 ~ 3 节，放阴凉处 1 ~ 2 d，待接口稍干燥后再插入沙床，保持温度 15 ~ 20 °C，湿度不宜过大，以免切口过湿腐烂，插后 2 ~ 3 周生根成活，4 周后即可上盆。

（2）嫁接育苗。春末夏初或夏末秋初进行，以三棱箭或仙人掌为砧木。砧木选择健壮肥大的植株，在距盆面 30 cm 处用利刀将三枝箭每个枝上呈 20° ~ 30° 角向下斜切，深度达髓心。接穗选生长充实的蟹爪兰枝条 2 ~ 3 节，茎基部用利刀将两面削成楔形，立即插入砧木的切口中，深达髓心，然后用仙人掌刺或大头针固定。可嫁接 2 ~ 3 层，成活后更加美观。以仙人掌做砧木，可在其顶部两侧边缘垂直切开，将接穗插入，做法同前。嫁接后放置半阴处，保温保湿，精心养护，1 个月后愈合，给予正常管理。嫁接苗比扦插苗生长势旺，开花早。

【生产管理】

（1）基质配制。蟹爪兰盆栽需配制肥沃疏松的栽培基质，常用泥炭和粗沙混合进行栽培。

（2）温光管理。夏季气温高于 30 °C 时，对茎节生长均不利，应给予半阴、凉爽、通风的环境，避免烈日曝晒和雨淋。开花时，室温以 10 ~ 15 °C 为宜，花期可持续 2 ~ 3 个月，单花花期 1 周左右。

（3）肥水管理。施肥每半月 1 次，秋季孕蕾期增施 1 ~ 2 次磷、钾肥。花后休眠时，控制肥水，待茎节长出新芽后，再行正常肥水管理。若嫁接新枝，为避免接口腐烂，浇水施肥

时，应注意不溅污愈合处；生长期浇水不宜过多，以湿润偏干为宜。

（4）花期调控。蟹爪兰属于短日照花卉。若需提前开花上市，可进行遮光处理，每天光照 8 h，持续 1 个月，即可满足上市需求。

（5）病虫害防治。主要病害为炭疽病、腐烂病和叶枯病等，发病严重的植株应拔除并集中烧毁，发病初期，可用 50% 的多菌灵可湿性粉剂 500 倍液，每 10 d 喷洒 1 次，连续 3 次。虫害主要为介壳虫，可用 25% 的亚胺硫磷乳油 800 倍液喷杀。

【蟹爪兰鉴赏】 蟹爪兰开花正逢圣诞、元旦、春节等传统节日，其花朵娇柔婀娜，光艳明丽，宜盆栽观赏，亦可垂挂吊盆，布置装饰窗台、大厅等处。

08　丽格海棠

【丽格海棠名片】 别名玫瑰海棠、丽佳秋海棠，秋海棠科，秋海棠属。

丽格海棠

【形态特征】 多年生草花，株高 20 ~ 30 cm。须根发达，株形丰满，枝叶翠绿，茎枝肉质多汁，单叶，互生，叶基偏斜心形，叶缘重锯齿状或缺刻，叶面光滑具蜡质，叶色多翠绿，偶有红棕色。花形多样，重瓣为主，花色丰富，有红、橙、黄、白等色，花朵硕大，花期 12 月至翌年 4 月。

【分类品种】 主要生产栽培品种常分为 3 个品种系列：巴科斯品系、复瓣花娜佳品系和半复瓣品系。

【生态习性】 性喜温暖湿润、通风良好的栽培环境，喜冷凉气候，生长适温 15 ~ 22 °C，冬季最低温度不宜低于 5 °C。要求肥沃疏松、排水良好的微酸性土壤。

【生产育苗】 常用扦插、组培育苗。扦插育苗可用叶插或枝插，一般于春秋两季进行。枝插时剪取健壮顶梢，留顶端 1 ~ 2 片小叶，扦插于珍珠岩或河沙中，保温保湿，约 20 ~ 30 d 生根。叶插时剪健壮无病虫害的叶片，留柄 2 ~ 3 cm，扦插于河沙中，经 20 ~ 40 d 生根。生产上组培育苗常用茎段或茎尖作外植体进行组培。

【生产管理】

（1）盆土配制。盆栽时，选用泥炭与珍珠岩（质量比例为 3∶1）的混合基质。

（2）肥水管理。定植前需施足基肥，生长期薄肥勤施，小苗以氮肥为主，成苗后减少氮肥量，孕蕾前增施磷、钾肥。浇水应见干见湿，忌积水，否则易引发病害。浇水施肥时都应注意勿沾污茎叶，以免引起腐烂。

（3）温光管理。生长期需散射光，忌长时间阳光直射，夏季炎热时需及时遮阳，同时通风控水。入秋若光照不足需适当人工补光。幼苗期空气湿度控制在 80% ~ 90%，形成花蕾后降至 55% ~ 65%。花蕾形成后，温度宜保持在 15 ~ 17 °C。

（4）整形修剪。上盆半月后及时摘心，以促发侧枝，保持株型丰满圆整。栽培过程中要及时摘除病叶、老叶及残花败枝，还应及时疏去过多的花蕾，以节约养分。

（5）病虫害防治。病虫害较少，定期喷施杀菌剂预防细菌性软腐病和白粉病。

【丽格海棠鉴赏】 丽格海棠花期长，花型花色丰富，枝叶、花蕾、花序、花朵均有很高的观赏价值。盆栽多用于装饰家庭几案、桌饰、窗饰、宾馆大堂、客厅、餐厅和会议厅堂等，亦可作切花。

09 肖竹芋类

【肖竹芋类名片】 竹芋科，肖竹芋属。

【形态特征】 多年生常绿草本。叶大型，长椭圆状披针形至卵状椭圆形，叶革质，叶色丰富。

肖竹芋类

【分类品种】 肖竹芋类全球约有 30 个属，400 种以上，观赏价值较高。多数具地下茎，丛生状，根出叶。花小且不鲜艳，多不具观赏价值，以观叶为主。

（1）天鹅绒竹芋。别名斑马竹芋，绒叶肖竹芋，多年生常绿草本植物。株高 40 ~ 60 cm，具地下茎，叶基生，根出叶，叶大型，长椭圆状披针形，叶面淡黄绿色至灰绿色，中脉两侧有长方形浓绿色斑马纹，并具天鹅绒光泽，叶背浅灰绿色，老时淡紫红色。头状花序，苞片排列紧密，花期 6—8 月，蓝紫色或白色。

（2）孔雀竹芋。别名蓝花蕉、马克肖竹芋，多年生常绿草本。株高 30 ~ 60 cm，叶长 15 ~ 20 cm，宽 5 ~ 10 cm，卵状椭圆形，叶薄，革质，叶柄紫红色。绿色叶面上隐约呈现金属光泽，且明亮艳丽，沿中脉两侧分布着羽状、暗绿色、长椭圆形的绒状斑块，左右交互排列，叶背紫红色。

同属栽培品种还有青苹果竹芋（叶宽卵形，草绿色）、紫背肖竹芋（叶线状披针形，正面墨绿色，叶背紫红色）、彩虹肖竹芋（叶表橄榄绿色，在中肋两侧有淡黄羽纹，叶背紫红色）、美丽肖竹芋（叶面黄绿色，沿侧脉有白色或红色条纹，背面暗红色）、红叶肖竹芋等。

【生态习性】 喜高温及半阴环境，生长适温 25 ~ 30 °C，冬季不能低于 10 °C，喜疏松多孔的栽培基质。

【生产育苗】 以分株或芽插育苗为主，分株在春天结合换盆进行；芽插生长期进行，将萌芽切下，插入基质使其生根即可。

【生产管理】

（1）培养土配制。盆栽用土采用疏松肥沃的腐叶土或泥炭土加珍珠岩和少量基肥配成。

（2）肥水管理。生长旺盛时期，每 1 ~ 2 周施 1 次液体肥料。生长季节给予充足的水分和较高的空气湿度，经常向叶面及植株四周喷水增加空气湿度。经常保持土壤湿润，冬季温度低，控制浇水次数和浇水量，防止积水引起烂根。

（3）光照管理。肖竹芋类最忌阳光直射，短时间的暴晒会出现叶片卷缩、变黄，影响生长。春、夏、秋季遮去 70% ~ 80% 的阳光，冬季遮去 30% ~ 50% 的光照。

【肖竹芋类鉴赏】　肖竹芋类是世界著名的喜阴观叶花卉，广泛应用于园林绿化，宜片植或丛植，亦可盆栽观赏。

10　龟背竹

【龟背竹名片】　别名蓬莱蕉、电线草、龟背蕉、龟背芋，天南星科，龟背竹属。

龟背竹

【形态特征】　常绿木质藤本，多年生老株蔓长可达 7 ~ 10 m。幼茎深绿色，老茎灰白色，外皮坚硬而光滑，表面具蜡质。节间短，每节有一圈节环。节环下有凸起的新月形叶痕，灰白色。节外生出大量褐色肉质气生根，形如电线，故名电线草。幼苗时叶片无孔，呈心形；长大后，叶片宽大，可达 60 ~ 80 cm；在其羽状叶脉间散布许多长圆形的孔洞或深裂，酷似龟甲图案，故称龟背竹。叶色深绿，光亮。

【生态习性】　龟背竹喜温暖湿润气候，不耐寒，生长适温 22 ~ 26 °C。5 °C 以上可以越冬；不耐高温，32 °C 以上停止生长。极耐阴，忌阳光直晒，在直射光下叶片很快变黄、干枯。龟背竹叶片表面较厚的角质层使其较能适应干燥的环境。喜土层深厚和保水力强的腐殖土，pH 为 6.5 ~ 7.5，既不耐酸也不耐碱。

【生产育苗】　主要用扦插法繁殖。选择主茎为插穗，切成 2 ~ 3 节一段，茎顶直立扦插；茎中部剪叶 1/2 斜插；下部茎段平埋。4 ~ 6 周生根。

【生产管理】　龟背竹常用腐叶土、泥炭土或细沙土，每年春季换盆或换土时施入基肥。在生长旺盛的季节，每 2 周施 1 次液体肥料，每天应向叶片及其周围环境喷水，及时清洗叶面。室温较低时应减少浇水，并多见阳光，以利于越冬。

【龟背竹鉴赏】　龟背竹株形优美，叶形奇特，耐阴、耐旱，生长缓慢。陈设以单独摆放为原则，宜布置角隅；小盆则适于案头摆放，让气生根自然下垂。

11　变叶木

【变叶木名片】　别名洒金榕，大戟科，变叶木属。

【形态特征】　常绿灌木或小乔木，高 1 ~ 2 m。单叶互生，叶片的形状、颜色及大小均变化。花小，单性同株，总状花序自上部叶腋抽出。雄花白色，簇生苞腋内，雌花单生于花序轴上。蒴果球形，白色。

【分类品种】　主要有以下品种、类型：① 宽叶变叶木：叶宽可达 10 cm；② 细叶变叶木：叶宽仅有 1 cm 左右；③ 长叶变叶木：叶长可达 50 ~ 60 cm；④ 扭叶变叶木：叶缘扭曲、反转；⑤ 角叶变叶木：叶具棱角；⑥ 戟叶变叶木：叶似戟形；⑦ 飞叶变叶木：叶片分成基部和端部，中间仅由叶的中肋连接。

变叶木

【生态习性】 性喜高温、多湿和日光充足环境。不耐寒，生长适温为 21～38 °C，越冬最低温需在 15 °C 以上，气温低于 10 °C，植株易落叶。

【生产育苗】 扦插为主，亦可空中压条、播种。

（1）扦插法。春夏季剪取粗 1 cm、长 10 cm 的枝梢作插穗，去掉下部叶片插入温床。保持较高空气湿度、半阴，25 °C 左右，约需 4 周生根。

（2）空中压条。环状剥皮，用水藓包裹保湿，27 °C 下，3 周后即可生根。

（3）播种法。杂交育种，随采随播。

【生产管理】

（1）盆栽用土。由黏质壤土、腐叶土、壤土和河沙按 5∶2∶2∶1（质量比）的比例配制而成。

（2）水分。夏季旺盛生长时，应维持较高的空气湿度，叶面经常喷水。

（3）施肥。每 1～2 周施 1 次液肥，注意氮肥不可太多，否则叶片变绿、暗淡，不艳丽。

（4）光照。不耐阴，保持足够光照。

（5）越冬。要特别注意保温或加温。

【变叶木鉴赏】 变叶木叶形、叶色极富变化。室内观赏的时间为 2～3 周。

12 绿 萝

绿 萝

【绿萝名片】 别名黄金葛、飞来凤，天南星科，绿萝属。

【形态特征】 多年生常绿蔓性草本。茎叶肉质，攀缘附生于它物上。茎上具有节，节上有气根。叶广椭圆形，蜡质，浓绿，有光泽，亮绿色，镶嵌着金黄色不规则的斑点或条纹。幼叶较小，成熟叶逐渐变大，往上生长的茎叶逐节变大，向下悬垂的茎叶则逐节变小，肉穗花序生于顶端的叶腋间。

【分类品种】 常见栽培种有：白金绿萝、二色绿萝、花叶绿萝等。

【生态习性】 喜高温多湿和半阴的环境。生长适温为 20～30 °C，最低可耐 8 °C 低温。

【生产育苗】 多采用扦插育苗，亦可压条育苗。扦插多在夏季高温时进行，剪取 15 cm 长的茎，只留上部 1 片叶，直接插入沙等基质中，入土深度为插穗的 1/3，每盆 2～3 株，保持土壤和空气湿度，遮阳，

在 25 °C 条件下，3 周即可生根发芽，待长出 1 片小叶后即可分栽上盆。

【生产管理】

（1）培养土配制。对土质要求不严，但以肥沃疏松的腐殖土为好。

（2）温光管理。绿萝喜半阴，若散光照射，彩斑明艳，若强光暴晒，叶尾易枯焦。生长期保持光照 50%～70%。绿萝不耐寒，越冬保持温度 12 °C 以上。

（3）肥水管理。生长期每月追肥 1～2 次，氮、磷、钾均衡施放。成品植株在生长期喷洒 1～2 次叶面肥，叶色较为亮丽。经常洒水保持湿润。

（4）植株更新。盆栽多年植株老化后，需更新栽植。

【绿萝鉴赏】 绿萝喜阴，叶色四季青翠，是极好的室内观叶植物。宜布置客厅、公共场所等，小型亦可吊盆栽培。

13 荷花玉兰

【荷花玉兰名片】 别名广玉兰、洋玉兰，木兰科，木兰属。

荷花玉兰

【形态特征】 常绿乔木。高达 30 m，树冠卵状圆锥形。小枝及芽有锈色柔毛。叶长椭圆形，长 10～20 cm，厚革质，边缘微反卷，表面有光泽，背面密被锈褐色或灰色柔毛，叶柄上托叶痕不明显，花白色，杯形，径 20～25 cm，芳香，花期 5—7 月。果熟期 10 月。

【生态习性】 广玉兰为亚热带树种。性喜光，但幼树颇能耐荫。喜温暖湿润气候，有一定耐旱能力，能经受短期－19 °C 低温而叶片无显著冻伤。但若在长时间的－12 °C 低温下则叶片受冻。喜肥沃湿润而排水良好的酸性或中性土壤。在河岸、湖滨地段发育良好；在干燥、石灰质、碱性土及排水不良之黏土上生长常不良。抗烟尘及 SO_2 气体，适应城市环境。根系深广，颇能抗风。

【生产育苗】 以嫁接育苗为主，亦可播种、扦插育苗。

（1）嫁接育苗。一般在 3—4 月进行，多采用切接。用紫玉兰（根系发达，适应性强）、白玉兰实生苗等作砧木，切取一年生侧生顶枝为接穗，去叶后切接。嫁接后，壅土及顶，待芽伸展后扒去壅土，剪除砧木萌蘖，在梅雨前施肥。嫁接苗常发生砧木萌蘖，须随时剪除。

（2）播种育苗。在 9—10 月间采种，置阴凉后熟，即可播种。也可湿沙层积至翌年 3 月播种，5 月出苗。实生幼苗生长缓慢，播种宜稍密，播后第二年移栽，培育 2～3 年后逐步放大株行距。开花迟。

【生产管理】 移植须带泥团，春移在 5 月以前，秋植不迟于 10 月。大树绿化，要适当疏枝修叶，定植后及时架立支柱。秋季环状施肥，每株 25 kg，加强抚育。

【荷花玉兰鉴赏】 宜作行道树，亦可孤植、群植。

14 发财树

发财树

【发财树名片】 别名马拉巴栗、美国花生，木棉科，瓜栗属。

【形态特征】 常绿乔木，株高可达 5～6 m。掌状复叶，叶柄较长，具 5～7 枚小叶。小叶为长椭圆形至倒卵形，小叶无柄。

【生态习性】 发财树适应各种光线条件。喜温暖气候，生长适温为 15～30 °C。耐旱，喜富含腐殖质、排水良好的沙壤土。生命力极强，全部枝叶和根系均被剪去的光秆放置数日亦不干枯，重新栽植仍能成活。

【生产育苗】 以播种育苗为主，亦可扦插。播种育苗过程：种子宜随采随播，7～10 天即可发芽，真叶展开 3～5 片时进行移栽。

【生产管理】

（1）培养土配制。盆栽用土一般用泥炭土、腐叶土和河沙按 4∶4∶2（质量比）的比例配制而成。

（2）水分管理。夏季注意保持盆土、空气湿润。

（3）施肥。夏季生长旺盛，每 1～2 周施 1 次液肥，冬季不施肥。

（4）光照。经常转盆，使植株受光均匀。

（5）越冬。冬季 10 月中、下旬进房，室温保持 16～18 °C，低于 16～18 °C 叶片变黄脱落，低于 10 °C，易冻死。

【发财树花语】 发财满意。

【发财树鉴赏】 宜厅堂摆放。

15 吊　兰

吊　兰

【吊兰名片】 别名挂兰、窄叶吊兰、纸鹤兰，百合科，吊兰属。

【形态特征】 根肉质粗壮，具短根茎。叶基生，带状，细长，拱形，全缘或稍波状。花茎从叶丛中抽出，小花白色，四季可开花，春夏季花多。花梗先端着生幼苗，叶丛簇生带根，形如纸鹤，故又名“纸鹤兰”。

【分类品种】 同属植物约有 215 种，中国有 5 种，常见生产栽培的园艺品种有：① 中斑吊兰：栽培最普遍，叶片中央为黄绿色纵条纹；② 镶边吊兰：

叶缘有白色条纹；③ 黄斑吊兰：叶面、叶缘有黄色条纹；④ 宽叶吊兰：植株生长旺盛，叶片长而宽大，淡绿色。

【生态习性】 喜温暖湿润的半阴环境，适应性强。生长适温为 15～20 °C，冬季室温不可低于 5 °C，喜疏松肥沃、排水良好的土壤。

【生产育苗】 以分生育苗为主。温室内四季皆可进行，常于春季结合换盆，将栽培 2～3 年的植株，分成数丛，分别上盆，先于阴处缓苗，待恢复生长后，正常管理或分割匍匐枝顶端小植株另行栽植。

【生产管理】 吊兰生长势强，栽培容易。生长期，置于半阴处养护，忌强光直射，以避免叶片枯焦死亡，但长期光照不足，不长匍匐枝。上盆浇水以表土见干浇透为原则，并经常叶面喷水，保持湿润，如盆土及环境过干、通风不良，极易造成叶片发黑、卷曲。平时追肥应适量，尤其是花叶品种，追肥过多，叶片斑纹不明显。由于生长旺盛，应每 2 年分栽或移植 1 次，并经常除去枝叶，对于过长匍匐枝，可随时疏除，以保持良好株形。

【吊兰鉴赏】 吊兰株态秀雅，叶色浓绿，走茎拱垂，是优良的室内观叶植物，多盆栽观赏，尤其是吊盆栽培，亦可水培。园林中常布置花坛、花境。

16　海　芋

【海芋名片】 别名滴水观音、天芋、观音莲、羞天草、隔河仙等，天南星科，海芋属。

【形态特征】 多年生常绿大型草本植物，株高可达 3 m。茎粗壮，茎内多黏液。叶片巨大呈盾形，叶柄长达 1m。佛焰苞淡绿色至乳白色，下部绿色。

【分类品种】 栽培变种有：花叶海芋、黑叶芋、箭叶海芋、美叶观音莲。

【生态习性】 喜温暖湿润环境，生长适温 30 °C 左右，耐阴性强。

【生产育苗】 以分生为主，亦可组织培养育苗。

（1）分株育苗。一般在 5—6 月进行，当从块茎抽出 2 枚叶片时就可将其分割开，切割的伤口涂抹木炭粉等防止伤口感染。栽培的土壤需预先经过几天的烈日暴晒或熏蒸消毒。切割栽植下的块茎出苗后，要进行喷雾保持叶面湿润，并放在阴处过渡一段时间再移到半阴处正常栽培。

海　芋

（2）分球育苗。将海芋块茎进行分割，每块均带有芽眼，伤口涂上硫黄粉消毒，将小块茎的尖端向上，埋入灭菌的基质中，保持 20 °C 左右，基质中等湿度，一般 20 d 左右发出新芽。

（3）扦插育苗。春季将多年生植株的茎干切成 10 cm 长的小段作为插穗，直接栽种于盆中或扦插于插床，待其发芽、生根后进行盆栽。

【生产管理】 生产管理粗放，用腐叶土、泥炭土或细沙土盆栽均可。土壤疏松、肥沃，基肥充足时叶片肥大，3—10 月每 10 d 追施液体肥料 1 次，缺肥时叶片小而黄。海芋喜湿润的环境，干燥环境对其生长不利，栽培中应多向周围喷水，以增加空气湿度。春、夏、秋三季需要遮阳，一般遮去 50% ~ 70% 的光照。

【海芋鉴赏】 海芋植株挺拔洒脱，叶片肥大，翠绿光亮，适应性强，是大型喜阴观叶植物。适合盆栽，布置于厅堂、室内花园、热带植物温室等，亦可布置花境。

17 苏 铁

苏 铁

【苏铁名片】 别名铁树、凤尾松、凤尾蕉、避火蕉，苏铁科，苏铁属。

【形态特征】 常绿乔木，茎干粗壮，圆形，披满暗棕褐色、宿存多棱螺旋状排列的叶柄痕迹。大型羽状复叶着生于茎顶，小叶线形，初生时内卷，成长后挺直刚硬，先端尖，深绿色，有光泽，可多达 100 对。雌雄花异株，顶生；雄花圆柱形，雌花扁圆形。种子卵形。同属植物共 17 种。

【分类品种】 常见栽培观赏种类有：刺叶苏铁，叶轴两侧有短刺；云南苏铁，叶柄长，羽状叶片大，具有较窄的小羽叶；四川苏铁，与苏铁相似，但羽状叶片较大；还有华南苏铁、墨西哥苏铁、南美苏铁、海南苏铁、义叶苏铁、篦齿苏铁、台湾苏铁等。

【生态习性】 性喜温暖温润、通风良好的环境，喜光，稍耐半阴，不耐严寒，以肥沃、微酸性的沙质土壤为宜。

【生产育苗】 多采用分蘖芽、切干扦插育苗，亦可播种育苗。

（1）分蘖芽。多在春季进行，用利刀割下孽株，割时尽量少伤茎皮。待切口稍干后，插入粗沙与草炭混合的插床上，适当遮阳保湿，保持 27 ~ 30 °C 时容易成活。

（2）切干扦插育苗　将茎干切成 15 ~ 20 cm 的小段，培在插床上，使其主干部周围发生新芽，然后将芽掰下扦插，保温保湿，以利生根。

（3）播种育苗。常于春季露地育苗或花盆播种，覆土 2 ~ 3 cm，经常保湿，30 ~ 33 °C 高温下 15 ~ 20 d 发芽。一般在苗圃内需生长 1 ~ 2 年，待根系旺盛后才进行移植。

【生产管理】 春夏季节叶片生长旺盛，需多浇水，特别要注意早晚叶面喷水，保持叶片清洁。春、秋、冬季要控制水分，保持土壤间湿、间干即可，水分过多容易烂根。苏铁生长缓慢，每年仅长一轮叶丛，在枝干长到 50 cm 时，应注意在新叶展开后将下部老叶剪掉，或 3 ~ 5 年修剪 1 次，以保持其姿态优美。花谢后，要及时割掉谢后的雄花，以免影响顶芽生长，造成歪干。雌株果熟后，应及时将苞叶割掉。

【苏铁鉴赏】 苏铁树形古朴，主干坚硬如铁，叶片四季常青，是极好的观叶植物。可布置花坛，盆栽观赏或制作盆景，亦可作切叶或水培。

项目十　中国城市市花生产与鉴赏

01　玉　兰

玉　兰

【玉兰名片】　别名玉兰、应春花、木兰等。木兰科，木兰属。上海市、江西省新余市市花。

【形态特征】　落叶乔木，高达 15 ~ 25 m。幼时树皮灰白色，平滑少裂，老时则呈深灰色，粗糙开裂，小枝灰褐色。叶互生，宽倒卵形至倒卵形，长 10 ~ 18 cm，宽 6 ~ 12 cm，先端短而突尖，全缘。花大，钟状，花径 10 ~ 16 cm；先叶开放，单生小枝枝顶，白色，有时基部带红晕，有芳香。花期 3—4 月。聚合果圆柱形，青绿色，成熟时红褐色，果熟期 10 月。

【生态习性】　喜温暖湿润、阳光充足的环境，稍耐半阴。较耐寒，休眠期可耐 – 20 °C 的低温，露地安全越冬；喜肥，尤喜氮肥。肉质根，怕积水。最宜在酸性、富含腐殖质、肥沃、排水良好的砂质壤土；也能在轻度盐碱土（pH 为 7 ~ 8.2，含盐量低于 0.2%）中正常生长。对温度很敏感，南北花期可相差 4 ~ 5 个月之久。

【生产育苗】　常以嫁接、播种繁殖为主，亦可扦插繁殖。

（1）嫁接繁殖。砧木处理：嫁接多以木兰实生苗或紫玉兰为砧木。接穗处理：选发育充实的玉兰枝条作接穗，剪成长 3 ~ 5 cm 一段，每段接穗上要有 1 ~ 2 个充实饱满的侧芽。采用劈接、切接或芽接。嫁接时间：劈接、切接在清明节前或秋分，芽接在 8—9 月。劈接成活率最高且生长迅速。

（2）播种繁殖。10 月采种后，草木灰水处理（浸泡 1 ~ 2 d），搓去蜡质假种皮，清水洗净后播种。

【生产管理】

（1）选地。选择地势高燥、背风向阳、排水良好、土层深厚、疏松肥沃的土壤。

（2）栽植。挖大穴，深施肥。栽前施入腐熟的有机肥，栽后浇透水，适当深栽。

（3）浇水。玉兰喜湿，怕涝，在栽培养护中应严格掌握这一原则。早春的返青水，初冬的防冬水是必不可缺的。缺水不仅会影响营养生长，还能导致花蕾脱落或萎缩。

（4）施肥。每年可进行 4 次，即花前肥、花后肥、花芽分化肥、越冬肥。

① 花前肥。花前使用 1 次氮、磷、钾复合肥，这次肥可提高开花质量，利于春季生长。

② 花后肥。花后施用 1 次氮肥，可提高植株的生长量，扩大营养面积。

③ 花芽分化肥。7、8 月施用 1 次磷钾复合肥，这次肥可以促进花芽分化，提高新生枝条的木质化程度。

④ 越冬肥。入冬前结合浇冬水施用 1 次腐熟发酵的圈肥，这次肥可以提高土壤生活性，而且可有效提高土壤的活性和地温。另外，当年种植的小苗，如长势不良，可用 0.2% 的磷酸二氢钾溶液进行叶面喷肥，可有效提高树势。

（5）整形修剪。因玉兰的枝干愈伤能力较差，一般不做修剪。如树形不美或较乱，可结合实际情况将病虫枝、干枯枝、下垂枝及徒长枝、过密枝及无用枝条疏除，以利于植株通风透光，树形优美。修剪时间在早春展叶前进行。玉兰一般不进行短截，以免剪除花芽。

【玉兰鉴赏】 建玉兰园，丛植或孤植于窗前、路旁、亭台前后。

02 紫荆花

【紫荆花名片】 别名洋紫荆、红花紫荆。苏木科，羊蹄甲属。香港特别行政区市花。

紫荆花

【形态特征】 常绿小乔木，高可达 8 m。树皮光滑，灰色至褐色。叶近心形，2 裂至 1/3 ~ 1/2，裂片先端圆或钝，基部心形或圆，叶柄长 3 ~ 5（6）cm，无毛。伞房花序分枝呈圆锥状，被绢毛。花大，花瓣倒披针形，淡红色，长 4 ~ 5 cm；荚果长带状，长 13 ~ 24 cm，宽 2 ~ 3 cm。种子 12 ~ 15 粒。花期 7—11 月。

【生态习性】 紫荆花为热带树种。不耐寒，较耐旱，且速生。实生苗 2 年即可开花结果。对土壤要求不严，以土层深厚、肥沃、排水良好的土壤为宜。幼年时喜湿耐阴，大树喜光。

【生产育苗】 多用播种育苗。夏秋间种子采收后即可播种，或将种子干藏至翌年春播。当幼苗出齐后应及时分床，按 20 ~ 25 cm 株行距植于肥沃的苗地。如供城市园林绿化，需再移植 1 次，培育 1 ~ 2 年，当苗高 2 m 左右再出圃定植。

【生产管理】 移植宜在早春 2—3 月进行。小苗需多带宿土，大苗要带土球。温室盆栽，春夏宜水分充足，湿度大。夏季高温时要避免阳光直射。秋冬应干燥。冬季应入温室越冬，最低温需保持 5 °C 以上。

【紫荆花鉴赏】 南方著名观花观叶树种。紫荆花树冠开展，枝叶低垂，花大而美丽，晚秋开放，在广州等华南城市常作行道树及庭园风景树，北方可于温室栽培供观赏。

03 木芙蓉

【木芙蓉名片】 别名芙蓉花、拒霜花。锦葵科，木槿属。四川省成都市市花。

【形态特征】 落叶灌木或小乔木，高 2 ~ 5 m。茎具星状毛及短柔毛。叶广卵形，掌状 3 ~ 5 裂，基部心脏形，边缘有浅钝齿，两面具星状毛。花期 9—11 月。花大，花径约 8 cm，单生枝端叶腋，花白色或淡红色，后变深红色，单瓣或重瓣，花梗长 5 ~ 8 cm，近端有节。蒴果扁球形，径约 2.5 cm，有黄色刚毛及绵毛。果实 5 瓣。种子肾形，有长毛，易于飞散。

木芙蓉

【生态习性】　暖地树种。喜光，略耐阴。喜温暖湿润的气候，不耐寒。忌干旱，耐水湿，在肥沃临水地段生长最盛。在江、浙一带，冬季植株地上部分枯萎，呈宿根状，翌春从根部萌发新枝。在华北常温室栽培。

【生产育苗】　以扦插育苗为主，亦可分株、播种育苗。

（1）扦插育苗。在冬季落叶后，选择粗壮的当年生枝条，由基部剪下，除去秋梢，剪成长 15 cm 左右，分级捆扎沙藏。用沙不宜过湿，贮藏期防止插条受冻和霉烂。3 月上、中旬扦插。株行距 8 cm × 25 cm，插条采取开沟栽插，露出地面约 6 cm，插后填土揿实，充分浇水，行间铺草，保持土壤湿润。发根后加强肥水管理，当年苗高可达 60 cm 以上，翌春即可移植绿化。

（2）分株育苗。在春季进行，先在基部以上 10 cm 处截干，再行分株，成活率高。

【生产管理】　木芙蓉畏寒，应选择背风向阳处栽植，入冬培土防冻，春暖后扒开壅土。移栽在 3 月中、下旬进行，带宿土。栽种易活，长势强健，萌枝力强，枝条多而乱，必须及时修剪，抹芽。在春季萌芽期需多施肥水，在生长期需施磷肥。若花蕾过多，应适当疏摘。

【木芙蓉鉴赏】　木芙蓉清姿雅质，花色鲜艳，为花中珍品。宜丛植于池边、湖畔、墙边、路旁，也可成片栽在坡地。亦可用作工矿区绿化（对二氧化硫抗性特强，对氟气、氯化氢有一定抗性）。

04　紫　薇

紫　薇

【紫薇名片】　别名百日红、满堂红、痒痒树，千屈菜科，紫薇属。台湾省基隆市、湖北省襄阳市、河南省安阳市、陕西省咸阳市、四川省自贡市、江苏省徐州市市花。

【形态特征】　落叶灌木或小乔木，高可达 7 m。树冠不整齐，枝干多扭曲。树皮淡褐色，薄片状剥落后树干特别光滑。小枝四棱，无毛。叶对生或近对生，椭圆形至倒卵状椭圆形，长 3 ~ 7 cm，先端尖或钝，基部广楔形或圆形，全缘，无毛或背脉有毛，具短柄。花两性，顶生圆锥花序，花色有紫、红、白等，小花花径 3 ~ 4 cm，花瓣 6，有长爪，瓣边皱波状。雄蕊多数，花丝长。花期 6—9 月。蒴果近球形。

【分类品种】　① 银薇：花白色或微带淡堇色，叶色淡绿；② 翠薇：花紫堇色，叶色暗绿；③ 红薇：花紫红色。

【生态习性】　亚热带阳性树种。性喜光，稍耐阴。喜温暖气候，耐寒性不强。喜肥沃、湿润而排水良好的石灰性土壤。耐旱、怕涝、萌芽力和萌蘖性强，生长缓慢，寿命长。单朵花期 5 ~ 8 d，全株花期在 120 d 以上。

【生产育苗】 以扦插育苗为主，亦可播种、分株育苗。

（1）扦插育苗。

① 硬枝扦插。春季萌芽前选 1 ~ 2 年生旺盛枝，截成 15 ~ 20 cm 的插穗插入土中 2/3 处，基质以疏松、排水良好的砂质壤土为好，插后注意保湿，成活率可达 90% 以上。

② 嫩枝扦插。夏季，要注意遮阴、保湿。

③ 老干扦插。早春选 3 年生以上枝，截成 20 ~ 30 cm 的插穗，入土 2/3 处，注意保湿。此法常用于树桩盆景材料的培育。

（2）播种育苗。先将种子干藏，早春播种，4 月即出苗，保持土壤湿润。并适当施肥，实生苗有的当年能见花。

（3）分株育苗。在春季萌动前，将植株根部的萌蘖分割后栽植即可。

【生产管理】

（1）栽植。应选择阳光充足的环境，湿润肥沃、排水良好的壤土。以春季移栽最佳。

（2）浇水。在整个生长季节中应经常保持土壤湿润。

（3）施肥。肥料充足是紫薇孕蕾多、开花好的关键。早春要重施基肥，以保证着花，5—6 月酌施追肥，以促进花芽形成。

（4）整形修枝。紫薇耐修剪，可以剪成高于乔木和低干圆头状树形，用重剪甚至锯干的方法控制树冠高度和形态，萌发枝当年能够开花。花后及时剪除花序，节省养分，利于下年开花。

（5）延迟花期。紫薇花期到 9 月下旬已是末花期，为使它能“十一”怒放，可在 8 月上旬将盛花紫薇新梢短截，剪去全部花枝及 1/3 的梢端枝叶，加强肥培管理，约经 1 月，新梢又形成花芽，至“十一”即可再度开花。

【紫薇鉴赏】 庭院、门前配植，制作盆、桩景。

05 蜡 梅

【蜡梅名片】 别名腊梅、黄梅花、香梅、香木等。蜡梅科，蜡梅属。河南省鄢陵、江苏省镇江市市花。

【形态特征】 落叶灌木，暖地半常绿，高达 3 m。小枝近方形。单叶对生，全缘，叶卵状披针形或卵状椭圆形，长 7 ~ 15 cm，端渐尖，基部广楔形或圆形，表面粗糙，背面光滑无毛，半革质。花两性，单生，径约 2.5 cm，花黄色，中轮带紫色条纹，具浓香，先叶开放，花期初冬至早春。蒴果内含瘦果（俗称种子）数粒。果 7—8 月成熟。

【生态习性】 喜光而耐阴。较耐寒，耐旱，怕风，忌水湿，宜种在向阳避风处。喜疏松、深厚、排水良好的中性或微酸性砂质壤土，忌黏土和盐碱土。病虫害较少，但对二氧化硫气体抵抗力较弱。蜡梅发枝力强，耐修剪，有“蜡梅不缺枝”之谚语。除徒长枝外，当年生枝大多可以形成花芽，徒长枝一般在次年能抽生短枝开花。以 5 ~ 15 cm 的短枝上着花最多。树体寿命较长，可在百年以上。

【生产育苗】　以嫁接育苗为主，亦可播种、分株、压条育苗等。

（1）嫁接育苗。常采用切接、腹接、靠接、芽接。切接及腹接在3月，当叶芽萌动如麦粒大小时进行。这一时期只有1周左右，如贮藏接穗和剥除母株枝条上萌发的芽，则可延长嫁接期限。接活后要及时除尽砧木萌条。靠接在春夏都可进行，但以5月最适。芽接在7月中旬至8月中旬最佳。

（2）播种育苗。多用于培育砧木及新品种选育，亦可直接用于园林栽植。6～7月种子呈棕黑色时即可采收，以随采随播最好。播后10 d即出苗，当年苗高可达10 cm以上。如春播，种子应在阴凉处干藏，播前温水浸种12 h。一般实生苗3～4年即可开花。

（3）分株育苗。在秋季落叶后至春季萌芽前进行，分株时，每小株需留有主枝1～2根，主干10 cm处剪截后栽种。

（4）压条育苗。有普通压条、堆土压条和空中压条等方法，目前应用较少。以5～6月梅雨季节进行压条最好。

蜡　梅

【生产管理】

（1）移植。蜡梅宜在秋冬落叶后至春季发芽前进行移植，大苗要带土球。种植深度与移植前相同。

（2）勤施肥。每年早春和初冬各施1次，施肥后随即浇水。盆栽者，盆土要用腐叶肥掺砂后壤土作底肥。上盆初期不再追施肥水。春季要施展叶肥。6～7月应少量多次施薄肥，促进花芽分化。

（3）巧修枝。早春花谢后进行回剪，基部保留3对芽，促使蜡梅多抽枝，或者在新枝长出2～3对芽后摘去顶芽，促进副梢萌发。夏末秋初要修去当年生新顶梢，使中、下部枝条花芽发育充实、饱满。

（4）少浇水。蜡梅怕涝，土壤湿度过大，蜡梅生长不良，影响花芽分化和开放。盆栽土壤保持湿润，露地在雨季尤其要防止积水。

【蜡梅鉴赏】　宜作盆栽、盆景、切花，供室内观赏。孤植、对植、丛植、列植、片植于园林或建筑入口处两侧、厅前亭周、窗前屋后、斜坡、草坪、水畔、道路旁。

06　栀子花

【栀子花名片】　别名黄栀子、白蟾花、林兰、木丹、越桃，茜草科，栀子花属。四川省内江市、陕西省汉中市市花。

【形态特征】　常绿灌木，枝丛生，小枝绿色。叶对生或3叶轮生，革质，长椭圆形，叶色翠绿，有光泽。花单生于枝顶或叶腋，花冠高脚碟状，花茎较大，白色，具芳香，花期 6—8 月，花、叶、果皆具观赏性，花芳香四溢。

栀子花

【分类品种】 生产栽培品种繁多，常见的栽培变种和变型有：① 大花栀子：叶与花均较大，花重瓣，花径 7 ~ 10 cm，白色；② 玉荷花：花茎 7 ~ 8 cm，重瓣；③ 水栀子：也称雀舌栀子，植株较小，枝常平展铺地，叶小而狭长，花也较小，重瓣；④ 黄斑栀子：叶缘有黄斑，甚至全叶呈黄色，生长良好；⑤ 蓝果栀子：果实大，蓝紫色等。

【生态习性】 喜温暖湿润、通风良好的环境，较耐寒，生长适温 18 ~ 28 °C，能耐 – 10 °C 低温。好阳光，但怕暴晒，也能耐半阴。怕积水，要求疏松肥沃、排水良好的酸性沙壤土，是典型的酸性花卉。萌芽力、萌蘖力均强，耐修剪。

【生产育苗】 以扦插、压条育苗为主，亦可分株和播种育苗。

（1）扦插育苗。春秋两季进行，剪取带 2 ~ 3 个茎节的半木质化枝条，约 10 cm 左右，仅保留顶端 1 ~ 2 片叶子，插入河沙和草炭的混合基质中，遮阳保湿，极易生根成活。另外，也可水插，插穗可略微长一些，以 15 ~ 20 cm 为宜，留顶梢叶片 2 ~ 3 片，插于清水中，每天换水 1 次，3 周后生根。

（2）压条育苗。在 4 月上旬选取 2 ~ 3 年生强壮枝条，节位处刻伤，压入土中，30 d 左右生根，到 6 月中下旬可与母株分离，移栽苗床。

【生产管理】

（1）基质配制。盆栽栀子花宜选用肥沃的酸性基质栽培，一般可用泥炭和沙土 4 : 1（质量比）的混合基质。

（2）上盆。移植上盆宜在梅雨季节进行，植株需带土球。

（3）肥水管理。生长期以追施腐熟的有机肥为主，每隔 10 ~ 15 d 浇 1 次 0.2% 硫酸亚铁水或矾肥水，以免土壤偏碱导致叶片黄化脱落，4—5 月为孕蕾期，应及时追施磷、钾肥，促进花朵肥大，花期停止施肥。浇水要及时，尤其夏季要多浇水，并经常保持盆土湿润，并应用清水喷洒叶面及周围地面，以增加空气湿度，入秋后减少浇水，否则引起叶片黄化或脱落。

（4）温光管理。栀子花喜光，但忌夏日强光曝晒，注意适当遮阳。霜降前后，移入室内温暖、通风良好的安全环境越冬。发枝能力强，每年春夏修剪顶梢促其分枝，以形成完整的树冠，花后及时抹除花枝基部产生的花芽，否则会自然掉落，浪费营养。

（5）病虫害防治。主要病害为黑星病、黄化病，黑星病可用 50% 的多菌灵 500 倍液喷洒防治，黄化病一般由于土壤碱化造成，可采用及时浇灌矾肥水，或用硫酸亚铁喷洒叶面防治。虫害主要为介壳虫、刺娥和粉虱，可用 2.5% 有敌杀死乳油 3 000 倍液喷杀刺蛾，用 40% 的氧化乐果乳油 1 500 倍液喷杀介壳虫和粉虱。

【栀子花鉴赏】 栀子花叶色亮绿，四季常青，花色洁白，香气浓郁，与茉莉、白兰同为香花三姊妹，有较强的抗有害气体及吸收粉尘的能力，是优良的美化、绿化材料，北方宜作盆栽或盆景观赏。南方宜丛植或片植于庭园、池畔、阶前、路旁，亦可盆栽观赏。

中国部分城市市花一览表见表 10-1。

表 10-1　中国部分城市市花一览表

省级行政区	城市	市花	省级行政区	城市	市花
北京市	北京市	月季、菊花	江苏省	秦州市	月季
天津市	天津市	月季		宿迁市	月季
河北省	石家庄市	月季	浙江省	杭州市	桂花
	邯郸市	月季		宁波市	山茶
	邢台市	月季		温州市	山茶
	保定市	兰花		绍兴市	兰花
	张家口市	大丽花		金华市	山茶
	承德市	玫瑰	安徽省	合肥市	桂花、石榴
	沧州市	月季		淮阴市	月季
山西省	太原市	菊花		蚌埠市	月季
	长治市	月季		马鞍山市	桂花
	大同市	波斯菊		安庆市	月季
内蒙古自治区	呼和浩特市	丁香		巢湖市	杜鹃花
	包头市	小丽花		阜阳市	月季
	赤峰市	大丽花		芜湖市	月季
辽宁省	沈阳市	玫瑰	福建省	福州市	茉莉
	大连市	月季		厦门市	三角梅
	丹东市	杜鹃花		三明市	杜鹃花
	阜新市	黄刺玫		泉州市	刺桐
吉林省	长春市	君子兰		漳州市	水仙
	延吉市	杜鹃花	江西省	南昌市	金边瑞香
黑龙江省	哈尔滨市	丁香		景德镇市	山茶
	伊春市	兴安杜鹃		新余市	桂花、月季、玉兰
	佳木斯市	玫瑰		九江市	云锦杜鹃
上海市	上海市	玉兰		鹰潭市	月季
江苏省	南京市	梅花		吉安市	杜鹃花
	徐州市	紫薇		井冈山市	杜鹃花
	淮阴市	月季	山东省	济南市	荷花
	扬州市	琼花		青岛市	月季、耐冬
	南通市	桂花		威海市	月季
	镇江市	蜡梅		济宁市	鸡蛋花
	常州市	月季		菏泽市	牡丹
	无锡市	梅花、杜鹃花		枣庄市	石榴
	苏州市	桂花	河南省	郑州市	月季
	连云港市	石榴		开封市	菊花

续表

省级行政区	城 市	市 花	省级行政区	城 市	市 花
河南省	平顶山市	月 季	广东省	珠海市	三角梅
	洛阳市	牡 丹		汕头市	凤凰木
	焦作市	月 季		佛山市	月 季
	鹤壁市	迎 春		中山市	菊 花
	新乡市	石 榴		江门市	三角梅
	安阳市	紫 薇		湛江市	紫荆花
	商丘市	月 季		惠州市	三角梅
	许昌市	荷 花		肇庆市	荷花、鸡蛋花
	漯河市	月 季	广西壮族自治区	南宁市	朱 槿
	驻马店市	月季、石榴		桂林市	桂 花
	信阳市	月季、桂花		柳州市	杜鹃、三角梅
	南阳市	桂 花		梧州市	宝巾花、刺桐
	三门峡市	月 季		北海市	三角梅
	灵宝市	月 季		贵港市	荷 花
	鄢 陵	蜡 梅		钦州市	木 棉
湖北省	武汉市	梅 花		防城港市	金花茶
	黄石市	石 榴		凭祥市	木 棉
	襄阳市	紫 薇	海南省	三 亚	三角梅
	老河口市	桂 花		海 口	三角梅
	十堰市	石榴、月季	重庆市	重庆市	山 茶
	沙市市	月 季	四川省	成都市	木芙蓉
	宜昌市	月 季		自贡市	紫 薇
	荆门市	石 榴		攀枝花市	木 棉
	丹江市	梅 花		泸州市	桂 花
	恩施市	月 季		德阳市	月 季
湖南省	长沙市	杜鹃花		广元市	桂 花
	株洲市	红 木		内江市	栀子花
	湘潭市	菊 花		乐山市	海棠花
	衡阳市	月季、山茶		万县市	山 茶
	邵阳市	月 季		西昌市	月 季
	岳阳市	栀子花	贵州省	贵阳市	兰 花
	常德市	栀子花	云南省	昆明市	云南山茶
广东省	广州市	木 棉		东川市	白兰花
	韶关市	杜鹃花		玉溪市	朱 槿
	深圳市	三角梅		大理市	杜鹃花

续表

省级行政区	城 市	市 花	省级行政区	城 市	市 花
西藏自治区	拉萨市	格桑花	台湾省	高雄市	朱 槿
陕西省	西安市	石 榴		基隆市	紫 薇
	咸阳市	紫薇、月季		台中市	木 棉
	汉中市	栀子花		台南市	凤凰木
甘肃省	兰州市	玫 瑰		新竹市	杜鹃花
青海省	西宁市	丁 香		嘉义市	玉 兰
	格尔木市	红 柳		宜兰市	兰 花
宁夏回族自治区	银川市	玫 瑰		桃园市	桃 花
新疆维吾尔自治区	乌鲁木齐市	玫 瑰		彰化市	菊 花
	奎屯市	玫 瑰		南投市	梅 花
香港特别行政区	香 港	紫荆花		屏东市	三角梅
澳门特别行政区	澳 门	荷 花		台东市	蝴蝶兰
				花莲市	荷 花

项目十一　世界国花生产与鉴赏

01　郁金香

郁金香

【郁金香名片】　别名草麝香、洋荷花，百合科，郁金香属。荷兰、土耳其、阿富汗国花。

【形态特征】　百合科多年生鳞茎类草本球根花卉。株高 20～40 cm。鳞茎偏圆锥形，高 3～4 cm，约 2～3 cm。外皮硬革质呈褐色或赤褐色，内有肉质鳞片 2～5 片，鳞茎寿命 1 年。根从底部发出白色细长。叶 3～5 枚，基部叶较大呈阔卵形，边缘常有毛，上部叶长披针形。花单生茎顶，大形，花葶高 15～60 cm，花型有杯型、碗型、球型、百合花型；花色丰富，有红、粉、黄、白、紫等色；花期 3—5 月，白天开放傍晚或阴雨天闭合，通常单朵花能开 2 个星期。

【生态习性】　郁金香喜冬季温暖湿润、夏季凉爽干燥、向阳或半阴的环境。耐寒性强，冬季球根可耐 –35 °C 的低温，在冬季温度为 8 °C 时也能正常生长。生长适温 5～20 °C，最佳适温 15～18 °C，20 °C 以上叶片徒长。花芽分化适温 17～23 °C，超过 35 °C 时花芽分化受抑制。性喜富含腐殖质、肥沃、排水良好的砂质壤土。

【生产育苗】　常以分球繁殖为主，亦可播种、组培繁殖。

（1）分球繁殖。6 月上旬，将休眠鳞茎挖起，先贮藏于干燥、通风和 20～22 °C 温度条件下，有利于鳞茎花芽分化。9 月至 11 月中旬栽种，翌年春季开花。

（2）播种繁殖。郁金香种子无休眠特性，需经 7～9 °C 低温处理，播后 30～40 d 萌动，发芽率 85%。一般秋天露地播种，越冬至第二年 6 月挖出鳞茎贮藏。秋天再种植，约 5～6 年才能开花。

【生产管理】

（1）选地。选择地势高燥、背风向阳、排水良好、土层深厚、疏松肥沃土壤。

（2）栽前准备。地栽前要深耕整地，施足基肥，作畦或开沟栽植，沟深 15～20 cm，施基肥，覆细土，栽植鳞茎，覆土厚度为鳞茎球高的 2 倍。栽后浇水，以利于冬季鳞茎生根。

（3）浇水。第二年春，幼芽萌发后，约 10～15 d 浇 1 次水，保持土壤湿润。生长过程中一般不必浇水，保持土壤湿润即行。

（4）施肥。展叶前和现蕾初期各施 1 次腐熟稀薄液肥，开花前叶面喷施 1 次 0.2% 的磷酸二氢钾液肥，花谢后及时剪除花茎。

【郁金香鉴赏】　布置花坛、花境，宜作切花、盆栽观赏，也可丛植于草坪边缘。

02　香石竹

【香石竹名片】　别名康乃馨、狮头石竹、大花石竹、麝香石竹、荷兰石竹，石竹科，石竹属。洪都拉斯、摩洛哥等国的国花。

香石竹

【形态特征】　多年生草本，高 40 ~ 70 cm，全株无毛，粉绿色。茎丛生，直立，基部木质化，上部稀疏分枝。叶片线状披针形，长 4 ~ 14 cm，宽 2 ~ 4 mm，顶端长渐尖，基部稍成短鞘，中脉明显，上面下凹，下面稍凸起。花常单生枝端，有时 2 或 3 朵，有香气，粉红、紫红或白色；花梗短于花萼；苞片 4（6），宽卵形，顶端短凸尖，长达花萼 1/4；花萼圆筒形，长 2.5 ~ 3 cm，萼齿披针形，边缘膜质；瓣片倒卵形，顶缘具不整齐齿；雄蕊长达喉部；花柱伸出花外。蒴果卵球形，稍短于宿存萼。花期 5—8 月，果期 8—9 月。

【生态习性】　喜冷凉干燥、阳光充足与通风良好的环境。耐热性较差，生长适温 14 ~ 21 °C，温度高于 27 °C 或低于 14 °C 时，生长缓慢。喜富含腐殖质、排水良好的石灰质土壤。

【生产育苗】

（1）整地作畦。香石竹易感染病虫害，尤其是轮作。深耕 40 cm 以上，进行土壤消毒，可采用蒸汽消毒、药剂消毒等。一般作高畦，畦高 15 ~ 20 cm，畦宽 80 ~ 100 cm。

（2）定植。香石竹切花从定植到开花约需 110 ~ 150 d，生产可根据品种、上市时间、生产条件等因素进行确定。栽植密度与品种有关，一般而言，株距 12 ~ 15 cm，行距 20 cm，栽植密度通常为 33 ~ 40 株/m^2，中型花品种 44 株/m^2，大型花品种 35 株/m^2 为宜。栽植宜浅栽，深度为 2 ~ 3 cm。

（3）肥水管理。除施足基肥外，追肥宜薄肥勤施，年追肥次数可达 10 ~ 20 次，生长前期以氮肥为主，中后期增施钾肥。生长期保证充足水分，尤其在每年 3—4 月与 9—10 月的生长旺季，但忌积水。

（4）光照管理。香石竹虽为日中性植物，但生产经验表明，采取补光措施，能促进其营养生长与花芽分化，提早开花，提高产量。

（5）摘心。定植 2 ~ 3 周后可第 1 次摘心，促进侧芽萌发。第 1 次摘心后，保留 3 ~ 4 个侧枝，以后根据需要可再摘心 1 ~ 2 次。

（6）抹芽和除蕾。摘心后，除保留一定的分枝外，其他的全部抹去。植株拔节后在下方长出的侧枝，也应及时抹去。除多头型香石竹外，主蕾以外的花蕾应及时剥除，以保证主花蕾的营养供给，促进其发育。

【香石竹鉴赏】　宜作切花，制作花束、插花。

03 天竺葵

天竺葵

【天竺葵名片】 别名洋绣球、石腊红、入腊红、日烂红、洋葵，牻牛儿苗科，天竺葵属。匈牙利国花。

【形态特征】 多年生草本，具异味。茎肉质，叶掌状互生，具长柄，叶缘多锯齿，并有马蹄形条纹。花序伞状，长在挺直的花梗顶端，群花密集如球，故名洋绣球。花色有红、白、粉、紫，变化很多。花期12月至翌年5月。

【分类品种】 种类繁多，有700余种。常有单瓣、半重瓣、重瓣和四倍体品种之分。同属其他常见观赏种有：

（1）蔓生天竺葵。也称盾叶天竺葵或藤本天竺葵，品种丰富，花有重瓣紫红、粉红色；半重瓣深红、粉红色；单瓣白色等。

（2）四倍体天竺葵。花朵硕大，品种丰富，有雀斑（粉红色）、四倍红（鲜红色）等。

（3）香叶天竺葵。亦称香天竺葵、驱蚊草，茎叶能散发特殊气味。

【生态习性】 喜温暖湿润和阳光充足的环境。生长适温15～25 °C，不耐寒，以春秋季气候凉爽时生长最为旺盛。稍耐旱，怕水湿，不耐高温和烈日曝晒。抗病虫害的能力极强，适应性也很强，能适合各种土壤条件，但以富含腐殖质的沙壤土生长最好。

【生产育苗】 以播种和扦插育苗为主，亦可组培育苗。

（1）播种育苗。春秋季均可进行，以春季室内盆播为好，发芽适温为20～25 °C，种子较小，覆浅土，播后约2～3周发芽。秋播苗，翌年夏季即可开花。

（2）扦插育苗。春秋生长旺盛期，选健壮茎枝顶梢，切口稍晾干后再插于沙床或珍珠岩和泥炭的混合基质中，注意勿伤插条茎皮，否则伤口易腐烂。插后遮阳，保持室温13～18 °C，插后2～3周生根。若插条用0.01%的吲哚丁酸液浸泡数秒，可提高扦插成活率和生根率。扦插苗成活后6个月便可开花。

【生产管理】

（1）肥水管理。盆栽前，适当施入基肥，肥料过多会生长过旺而不利开花。为使开花繁茂，开花期每半月浇1次稀薄肥水（腐熟豆饼水）或浇800倍的磷酸二氢钾溶液。天竺葵喜燥恶湿，浇水宜见干见湿，冬季休眠需控水，栽培基质偏湿则茎枝柔嫩，不利于花枝萌生和开放，长期过湿会引起植株徒长，花枝着生部位上移，叶子渐黄而脱落。

（2）光照管理。生长期需阳光充足，若光照不足，茎叶徒长，花梗细软，花序发育不良，弱光下花蕾开花不畅，提前枯萎。

（3）整形修剪。生长期应及时多次摘心以促分侧枝，增加孕蕾花枝，冬季休眠期不宜重剪，花后及时剪除残败花茎，可增加株间光照，诱使萌发新叶，抽出新的花茎。

（4）病害防治。主要病害为灰霉病，可通过排湿、发病前喷洒克菌丹1 000倍液预防。

（5）生产常见问题及处理。

天竺葵常出现开花不良，主要原因：① 浇水过多，造成烂根或植株徒长，影响开花。② 施氮肥过量，枝叶徒长，不开花或开花稀少，花质差，早春或入秋后应适当增施磷、钾肥。③ 温度过高或过低，通风不良，枝叶易徒长，影响次年开花，冬季室温不宜低于 0 °C 或高于 20 °C。④ 光照太强或太弱，易造成生长不良或花、叶脱落，因此，夏季不宜阳光直射，冬季室内光线不宜过弱。⑤ 摘心修剪过重、长期叶片很少，也会延缓生长期，使着花、开花数量减少。可通过加强肥水管理，调控温度、光照，及时、适度摘心等措施解决。

【天竺葵鉴赏】 天竺葵株丛紧凑，花团锦簇，花期长，宜盆栽观赏，亦可布置春夏花坛。

世界各国国花一览见表 11-1。

表 11-1　世界各国国花一览表

洲　别	国　家	国　花	洲　别	国　家	国　花
亚　洲	中　国	牡　丹	亚　洲	以色列	银莲花、油橄榄
	朝　鲜	朝鲜杜鹃		土耳其	郁金香
	韩　国	木　槿	欧　洲	俄罗斯	向日葵
	日　本	樱花、菊花		荷　兰	郁金香
	老　挝	鸡蛋花		英　国	狗蔷薇
	缅　甸	龙船花		爱尔兰	白车轴草
	泰　国	素馨、睡莲		法　国	鸢　尾
	马来西亚	扶　桑		意大利	雏菊、月季
	印度尼西亚	毛茉莉		比利时	虞美人、杜鹃花
	新加坡	万带兰		瑞　士	火绒草
	菲律宾	毛茉莉		奥地利	火绒草
	印　度	荷花、菩提树		德　国	矢车菊
	尼泊尔	杜鹃花		丹　麦	木春菊
	不　丹	蓝花绿绒蒿		西班牙	香石竹
	孟加拉	睡　莲		葡萄牙	雁来红、薰衣草
	斯里兰卡	睡　莲		瑞　典	欧洲白蜡
	阿富汗	郁金香		芬　兰	铃　兰
	巴基斯坦	素　馨		波　兰	三色堇
	伊　朗	大马士革月季		捷克斯洛伐克	椴　树
	伊拉克	月季（红）		挪　威	欧石楠
	阿拉伯联合酋长国	孔雀草、百日草		南斯拉夫	洋李、铃兰
	也　门	咖　啡		匈牙利	天竺葵
	叙利亚	月　季		罗马尼亚	狗蔷薇
	黎巴嫩	雪　松		保加利亚	玫瑰、突厥蔷薇

续表

洲别	国家	国花	洲别	国家	国花
欧洲	卢森堡	月季	南美洲	巴西	卡特兰
	摩纳哥	石竹		哥伦比亚	卡特兰、咖啡
	圣马利诺	仙客来		厄瓜多尔	白兰花
	马耳他	矢车菊		智利	野百合
	希腊国花	油橄榄、老鼠		阿根廷	刺桐
北美洲	美国	月季		乌拉圭	商陆、山楂
	加拿大	糖槭		秘鲁	金鸡纳树、向日葵
	墨西哥	大丽花、仙人掌		玻利维亚	向日葵
	危地马拉	爪哇木棉	大洋洲	澳大利亚	金合欢、桉树
	古巴	姜花、百合		新西兰	桫椤、四翅槐
	哥斯达黎加	卡特兰		斐济	扶桑
	牙买加	愈疮木	非洲	埃及	睡莲
	海地	刺葵		利比亚	石榴
	多米尼加	桃花心木		突尼斯	素馨
	尼加拉瓜	百合（姜黄色）		阿尔及利亚	夹竹桃、鸢尾
	洪都拉斯	香石竹			
	萨尔瓦多	丝兰			

项目十二　花卉装饰与鉴赏

【知识目标】

☆了解花卉装饰的意义。

☆掌握常见花卉装饰形式。

☆掌握常见花卉装饰管护技术。

【技能目标】

★能正确区分花坛、花境、花台等。

★能进行简单花坛、花境、花台的设计、施工。

★能对花坛、花境、花丛、花台进行管护。

【知识储备】

花卉生产的最终目的是为满足人类需求，如美化环境，提供食材、药材，等。目前，花卉生产主要为人类美化环境提供装饰材料。花卉装饰分为室内装饰和室外装饰。随着社会经济的发展、人们生活水平的提高，花卉装饰已普及城市、农村、家庭等的每一个角落。

1　花卉装饰概述

1.1　花卉装饰定义

花卉装饰是指根据环境条件和人们的需求，按科学、艺术的要求，以花卉为材料进行合理巧妙的布置，为人们创造一个高雅、美丽、和谐的空间。

1.2　花卉装饰材料

花卉装饰材料主要包括盆花、切花、干花等，塑料花、布花等人工假花亦可进行装饰。

1.2.1　盆　花

盆花类型
- 特大盆花：200 cm 以上。
- 大型盆花：130 ~ 200 cm。
- 中型盆花：50 ~ 130 cm。
- 小型盆花：20 ~ 50 cm。
- 特小型盆花：20 cm 以下。

1.2.2 切　花

常见切花种类：
- 观花类：月季、菊花、香石竹、非洲菊等。
- 观叶类：散尾葵、栀子、肾蕨等。
- 观果类：南天竹、火棘、柑橘、枸骨等。

1.2.3 干　花

干花可分为自然干花和人工干花。所谓自然干花是指某些鲜花经自然风干而形成的干花，如银芽柳、勿忘我、情人草等。人工干花是指鲜花经过脱水、烘干等工艺流程加工而成的干花。目前，市场上人工干花居多。

1.2.4 人工假花

所谓人工假花是指以塑料、布等材料经过加工制成的花，如塑料花、布花等。

2 花卉室内装饰

花卉室内装饰主要包括办公、居家、酒店等场所的室内装饰。室内装饰可以选择盆花、切花、插花作品、水培花卉等。一般而言，室内装饰以盆花为主，切花次之，插花作品、水培花卉应用最少。

2.1 盆花装饰

随着人们生活水平的提高，美化居家、工作环境成为人们生活的一部分。盆花装饰成为花卉室内装饰的主要形式。盆花室内装饰应注意以下事项：

2.1.1 花卉习性

花卉正常生长开花需要一定的环境条件，只有创造一个适宜的环境条件，花卉才能正常生长、发育、开花。否则，可能出现开花质量差、生长发育不良、易感染病虫害甚至死亡等情况。花卉所需的环境条件主要取决于花卉习性，花卉习性主要包括花卉对光照、温度、土壤、水分、气体等环境条件的要求，生产中，花卉室内装饰主要考虑光照、温度、土壤、水分等。

（1）光照。花卉室内装饰要根据花卉对光照的要求进行摆放。喜光性花卉宜陈设室内阳台等阳光充足处，如白兰花、三角梅、蜡梅、变叶木、梅花、月季、一品红、杜鹃等。喜阴花卉宜陈设室内客厅、书房等无直射光处，如苏铁、云杉、八角金盘、龟背竹、君子兰、万年青等。中性花卉宜陈设室内客厅等有直射光处，如吊兰、中国兰、凤梨类、竹芋类、山茶等。

（2）温度。室内温度是花卉室内装饰首先考虑的环境因子。原产热带的不耐寒性花卉，如蝴蝶兰、红掌等，如果室内温度低于 15 °C，可能会出现生长、开花不良。

2.1.2 装饰空间

花卉室内装饰要根据装饰空间的大小、色彩等选择适宜的花卉，使花卉体量与装饰空间

相协调。空间大的如办公大厅、银行等场所应选择发财树、摇钱树、橡皮树等大型花卉进行装饰，空间小的如办公桌、书房等可选择文竹、君子兰等体量较小的花卉进行装饰。装饰空间的色彩一般对花卉的要求不严。

2.1.3　个人体质

花卉室内装饰要考虑个人体质，如对某些花粉、气味等过敏的人，花卉选择时要尽可能避免。

2.2　切花装饰

目前，切花主要应用在特定场合、场所，如会议、婚礼、展览会等，应用主要形式如下：

应用形式
- 艺术插花
- 花束
- 花篮、花圈（环）
- 胸花
- 花车等

实际生活中，切花大部分用于艺术插花和花束。艺术插花、花束等会在“插花艺术”等相关课程中详细讲解其作品制作、欣赏等，在此不赘述。

3　花卉室外装饰

花卉室外装饰主要是园林绿化。园林绿化材料主要是一、二年生草花、宿根花卉、花灌木等。园林绿化应用主要形式如下。

园林绿花形式
- 花坛
- 花境
- 花丛
- 花台

3.1　花坛（图12-1）

图 12-1　花坛

3.1.1 花坛定义

花坛指在低矮的、有一定几何形轮廓的栽植床内，以花卉植物构成具有艳丽的色彩或图案的装饰形式。

3.1.2 花坛类型

（1）按表现主题分类
- 盛花花坛
- 模纹花坛
  - 毛毡式
  - 浮雕式
  - 彩结式
- 标题花坛
- 草坪花坛

① 盛花花坛：以观花的一、二年生草花为主，表现花盛开时的色彩。

② 模纹花坛：以低矮的花叶兼美的观叶植物为主，表现群体图案的微妙。模纹花坛分为毛毡式、浮雕式、彩结式等。毛毡式：全为观叶植物，修剪到不同高度，表面平整。浮雕式：植物在高矮上不同，部分突起，部分凹陷。彩结式：模仿绸带编成的绳结模样，图案粗细基本一致，并以草坪或卵石为底色。

③ 标题花坛：由植物组成各种文字、图徽等。

④ 草坪花坛：以草坪为边界直接将盆花、植物或卵石放入其中。

（2）按空间位置分类
- 平面花坛：花坛的表现与地面平行，观赏平面效果。
- 斜面花坛：设于斜坡、缓坡或建筑台阶两旁。
- 立体花坛：向空间伸展，以四面为观赏面。

（3）按组合方式分类
- 独立花坛：又叫单体花坛。
- 花坛群：由几个单体花坛组成表现一个主题。

3.1.3 花坛设计

（1）花坛的设计原则。花坛设计主要遵循四个原则：① 以花为主；② 功能原则：合理组织空间；③ 立意在先：遵循艺术规律；④ 养护管理：考虑降低成本。

（2）花坛的平面布置。

① 花坛的体量、风格、形状应与周围的环境相协调。花坛大小要适度。在平面上过大，在视觉上会引起变形。一般观赏轴线以 8 ~ 10 m 为度。若设置在广场，一般不应超过广场面积的 1/3，不小于广场面积的 1/5。花坛的外部轮廓主要是几何图形或几何图形的组合。现代建筑的外形趋于多样化、曲线化，在外形多变的建筑物前设置花坛，可用流线或折线构成外轮廓，对称、拟对称或自然式均可，以求与环境协调。

② 花坛在景观中可作为主景，亦可作为配景。若花坛作为主景，外形一般为对称。

（3）花坛的色彩设计。

花坛的色彩设计要注意以下方面：① 同一色调或近似色调的花卉种在一起，易给人柔和、愉快的感觉；② 对比色相配；③ 白色花卉除可衬托其他颜色花卉外，还可起两种不同色调的调和作用；④ 应有主调色彩，配色不宜太多，2 ~ 3 种；⑤ 根据环境设计花坛颜色。

（4）花坛用苗量计算。

$$\begin{aligned}\text{A 种花卉用量} &= \text{栽植面积}/(\text{株距} \times \text{行}) = (1\ \mathrm{m}^2/\text{株距}) \times \text{所占花坛面积} \\ &= 1\ \mathrm{m}^2\ \text{所栽株数} \times \text{花坛总面积}\end{aligned}$$

式中株行距以冠幅大小为依据，以铺满地面为准。

实际用苗量算出后，要根据苗圃及施工的条件留出 5% ~ 15% 的损耗量。

$$\begin{aligned}\text{花坛总用苗量} = &\ \text{A 种花卉用量} \cdot [1 + (5\% \sim 15\%)] + \\ &\ \text{B 种花卉用量} \cdot [1 + (5\% \sim 15\%)] + \cdots\end{aligned}$$

3.2 花　境

3.2.1　花境定义

花境指模拟自然界林地边缘地带多种野生花卉交错生长的状态而设计的一种花卉应用形式。花境是园林景观中从规则式构图到自然式构图的一种过渡的半自然式种植形式。其基本构图单位是一组花丛。每组花丛通常由 5 ~ 10 种花卉组成。平面上看是各种花卉的块状混植，立面上看高低错落，犹如野生花卉交错生长的自然景观。花丛以主花材形成基调，次花材为配调，由各种花卉共同形成季相景观，即每季以 2 ~ 3 种花卉为主。

花境既表现了植物个体的自然美，又展示了植物自然组合的群体美。它 1 次种植后可多年使用，四季有景。

3.2.2　花境类型

（1）依设计形式分类。

① 单面观赏花境：在道路或建筑旁多以绿林作背景，整体上前高后低，仅作一面观赏。

② 双面观赏花境：多设在道路、广场和草地中央，植物种植总体上以中间高两侧低为原则，可供两面观赏。

③ 对应式花境：在道路两侧对称的两个花境。

（2）依种植材料分类。

① 灌木花境：全由灌木组成，一般以观花、观叶或观果且体量较小的灌木为主。

② 宿根花卉花境：全由露地宿根花卉组成。

③ 球根花卉花境：全由露地球根花卉组成。

④ 混合花境：由灌木和耐寒性强的多年生花卉组成。

3.2.3　花境设计

（1）位置设计。花境是一种带状布置方式，适合周边设置，可创造出较大的空间或充分利用景观中的带状地段。它是一种半自然式的种植方式，故极适合设计于建筑、道路、绿篱等人工构筑物与自然环境之间，起到由人工到自然的过渡作用。适宜设计花境的位置如下：

① 在建筑物墙基前。形体小巧，色彩明快的建筑物前，花境可起到基础种植的作用，软化建筑的硬线条，连接周围的自然风景。

② 在道路旁景观中。游步道边适合设置花境，既有隔离作用，又有美化装饰效果。

③ 在景观中较长的植篱、树墙前。在植篱、树墙前设置花境，绿色的背景使花境色彩充分表现，而花境又活化了单调的绿篱、树墙。

④ 在宽阔的篱草坪上、树丛间。在这种环境中适宜设置双面观赏的花境，可丰富景观，组织游览路线。通常在步道两侧设计花境，以便观赏。

⑤ 在宿根园、家庭花园中。在面积较小的花园中，花境可周边布置，布置方式依具体环境而定，可设计成单面观赏、双面观赏或对应式花境。

（2）植物设计。花境植物选择应注意以下几方面问题：① 植物种类不宜过多；② 当地可露地越冬，不需特殊管理，以宿根花卉、小灌木为主，可配置耐寒的球根花卉或少量的一、二年生草花；③ 植物一般不需要修剪；④ 植物要有季相变化。

（3）色彩设计。花境的色彩主要由植物的花色来体现。在花境的色彩设计中，可以巧妙地利用不同花色来创造空间或达到景观效果。设计中主要有：① 单色系设计：这种配色法不常用，只为调和某一环境的某种色调或一些特殊需要时才使用；② 类似色设计：这种配色常用于强调季节的色彩特征时使用，如早春的鹅黄色，秋天的金黄色；③ 补色设计：多用于花境的局部配色，使色彩鲜明、艳丽；④ 多色设计：这是花境中常用的方法，使花境具有鲜艳、热烈的气氛，但要注意使用过多的色彩反而产生杂乱感。

（4）平面设计。花境平面种植采用自然块状混植方式，每块为一组花丛，各花丛大小有变化。一般花后叶丛景观较差的植物面积宜小些。为使开花植物分布均匀，又不因种类过多造成杂乱，可把主花材植物分为数丛种在不同位置。花后叶丛景观差的植株，可在前方配植其他花卉给予弥补。使用少量球根花卉或一、二年生草花时，应注意该种植区的材料轮换，以保持较长的观赏期。对于过长花境，平面设计可采用标准化设计。首先绘出一个演进花境单元，然后重复出现，或设计几个单元交替出现。如道路的景观绿化采用此设计手法。

3.3 花　丛

花丛是一种自然式花卉布置的形式。每个花丛由 3 ~ 5 株，甚至十几株花卉组成。可以是同一种类，也可以是不同种类混交。多选用多年生、生长健壮的宿根花卉，也可选用野生花卉和自播繁衍的一、二年生花卉。花丛在日常管理上是很粗放的，可以布置在树林边缘或大道两侧。

从平面轮廓到立面构图都是自然的。同一花丛内种类要少而精，形态和色彩要有所变化。各种花卉以块状混交为主，并要有大小、疏密、断续的变化。

项目十三　常见花卉识别与鉴赏

001　芍　药

【别名】　将离、离草、没骨花。

【科属】　芍药科，芍药属。

【识别要点】　多年生宿根草本。茎簇生根部。下部叶 2 回 3 出羽状复叶，上部叶单叶。花多独开茎顶或近顶端叶腋处。花有白、粉、红、紫、黄、绿等色，花型多变。花期 5—6 月。

芍　药

【习性】　喜温暖、光照充足、干燥的环境，耐寒，耐热。肉质根、深根性花卉，以土层深厚、疏松而排水良好的中性或微酸性砂质壤土为宜，忌盐碱地、忌连作、忌积水。

【繁殖】　分株、播种、扦插、压条。

【鉴赏】　布置花坛、花境、花台或盆栽，亦作切花。

002　地涌金莲

地涌金莲

【别名】　千瓣莲花、地金莲。

【科属】　芭蕉科，地涌金莲属。

【识别要点】　多年生丛生草本。假茎（地上部分由叶鞘层层重叠、形成螺旋状排列）短小，基部不膨大。叶大型，长椭圆形，浓绿色；花序直立，顶生或腋生，苞片每轮 6 枚，黄色。花期可达 250 d 左右。

【习性】　喜温暖湿润，不耐寒。喜光，忌夏季阳光直射。忌积水，喜肥沃、排水良好的土壤。

【繁殖】　分株繁殖，亦可播种。

【鉴赏】　布置花境，寺院种植。

003　天人菊

【别名】　忠心菊。

天人菊

【科属】　菊科，天人菊属。

【识别要点】　一年生草花。全株被柔毛。叶互生，披针形、矩圆形至匙形。头状花序，舌状花先端黄色，基部褐紫色。花期 7—10 月。

【习性】　喜高温、干燥和阳光充足的环境。耐干旱、耐盐、耐寒。喜排水良好的疏松土壤。

【繁殖】　播种、扦插繁殖。

【花语】　团结、同心协力。

【鉴赏】　布置花坛、花境。

004　勋章菊

勋章菊

【别名】　勋章花。

【科属】　菊科，勋章菊属。

【识别要点】　多年生宿根草花。叶丛生，披针形或扁线形，全缘或浅羽裂。花径 7 ~ 8 cm，舌状花白、黄、橙红等色，有光泽，花期 4—5 月。

【习性】　喜温，半耐寒。喜光。耐旱，耐贫瘠，生长健壮，耐粗放管理。

【繁殖】　播种繁殖。

【鉴赏】　布置花坛、花境。

005　麦秆菊

麦秆菊

【别名】　蜡菊。

【科属】　菊科，蜡菊属。

【识别要点】　一、二年生花卉。叶互生，长椭圆状披针形，全缘。头状花序顶生，苞片粉、橙、红等色，管状花黄色。花期 7—9 月。

【习性】　喜温，不耐寒、忌酷热。喜光。喜肥沃、湿润而排水良好的沙壤土。

【繁殖】　播种、扦插繁殖，亦可压条。

【鉴赏】　布置花坛、花境，亦可盆栽。

006　松果菊

松果菊

【别名】　紫松果菊、紫锥花。

【科属】　菊科，松果菊属。

【识别要点】　多年生草花。株高 60 ~ 150 cm。茎直立，茎生叶披针形；头状花序单（聚）生，舌状花紫红色，管状花橙黄色。花期 6—7 月。

【习性】　喜温暖向阳环境，稍耐寒。喜肥沃、深厚、富含有机质的土壤。

【繁殖】　播种繁殖。

【花语】　懈怠。

【鉴赏】　布置花境，亦作切花。

007　波斯菊

波斯菊

【别名】　秋英、大波斯菊。

【科属】　菊科，秋英属。

【识别要点】　一年生草花，株高 30 ~ 120 cm，茎细多分枝。单叶对生。头状花序顶生或腋生，舌状花粉、深红等色，筒状花黄色。花期夏秋。

【习性】　喜温，不耐寒，忌酷热，忌大风。喜光，耐干旱，忌积水。对土壤要求不严。

【繁殖】　播种、扦插繁殖。

【鉴赏】　布置花境，亦作切花。

008　硫华菊

硫华菊

【别名】　硫黄菊、黄波斯菊、黄芙蓉。

【科属】　菊科，秋英属。

【识别要点】　一年生草花，株高 20 ~ 60 cm。2 回羽状复叶。花有黄、金黄、橙黄、橙红等色。花期夏秋。

【习性】　喜温，不耐寒。喜光。喜湿润，较耐旱。对土壤要求不严。

【繁殖】　播种繁殖。

【鉴赏】　布置花坛、花境，亦可盆栽。

009　矢车菊

矢车菊

【别名】　蓝芙蓉，翠兰。

【科属】　菊科，矢车菊属。

【识别要点】　一、二年生草花，株高 30 ~ 70 cm。头状花序，花有紫、蓝等色，花期 2—8 月。

【习性】　喜光，不耐阴湿，忌炎热。喜肥沃、疏松和排水良好的沙质土壤。生命力顽强。

【繁殖】　播种繁殖。

【花语】　幸福。

【鉴赏】　布置花坛、花径，亦作切花。

010　金鸡菊

金鸡菊

【别名】　小波斯菊、金钱菊、孔雀菊。

【科属】　菊科，金鸡菊属。

【识别要点】　一年生宿根草本，株高 60 ~ 80 cm。叶 1 ~ 2 回羽裂片，短椭圆形；上部叶裂片条形，基部叶披针形或长圆形，全缘。头状花序，舌状花黄色。瘦果。花期 5—11 月。

【习性】　喜光，耐半阴。喜湿润。对土壤要求不严。抗二氧化硫。

【繁殖】　播种为主，亦可分株、扦插。

【花语】　竞争心、上进心。

【鉴赏】　布置花境、花坛。

011　大花金鸡菊

大花金鸡菊

【别名】　狭叶金鸡菊、剑叶金鸡菊。

【科属】　菊科，金鸡菊属。

【识别要点】　多年生草本，高 20 ~ 100 cm。茎直立。叶对生，基部叶有长柄，披针形或匙形。头状花序单生枝端，花梗长。舌状花 6 ~ 10 个，宽大，黄色。花期 5—9 月。

【习性】　喜光，耐半阴。适应性强，耐寒耐热，耐旱怕涝，对土壤要求不严。

【繁殖】　播种繁殖。

【花语】　愉快、高兴。

【鉴赏】　布置花境、花坛，亦作切花。

012　重瓣金鸡菊

重瓣金鸡菊

【科属】　菊科，金鸡菊属。

【识别要点】　宿根草本，株高 25 ~ 45 cm。茎丛生状。3 出复叶，小叶倒披针形至长椭圆形。花顶生，重瓣，花冠金黄色。花期 5—7 月。

【习性】　喜光。喜冷凉至温暖，生长适温为 10 ~ 25 °C。对土壤要求不严。

【繁殖】　播种、分株繁殖。

【鉴赏】　布置花境、花坛。

013　金光菊

金光菊

【别名】　黑眼菊、黄菊、假向日葵、肿柄菊。

【科属】　菊科，金光菊属。

【识别要点】　多年生草花。株高 50 ~ 200 cm。茎上部有分枝。叶互生，下部叶具叶柄，中部叶 3 ~ 5 深裂，上部叶不分裂，卵形，顶端尖。头状花序单生于枝端，舌状花金黄色，舌片倒披针形；管状花黄色或黄绿色。花期 7—10 月。

【习性】　喜温，亦耐寒。喜光。耐旱，忌水湿。对土壤要求不严。

【繁殖】　播种、分株繁殖。

【鉴赏】　布置花坛、花境，亦作切花。

014　黑心菊

黑心菊

【别名】　黑心金光菊、黑心花。

【科属】　菊科，金光菊属。

【识别要点】　一、二年生草花。枝叶粗糙，全株被毛，近根出叶。上部叶互生，无柄，长圆状披针形，叶缘具锯齿或全缘；下部叶长圆形或匙形。头状花序单生，舌状花金黄色，管状花暗褐色或暗紫色，花心隆起。花期 5—9 月。

【习性】　喜温，亦耐寒。喜光、喜湿润，耐旱。对土壤要求不严，喜疏松、肥沃的壤土。

【繁殖】 播种繁殖。

【鉴赏】 布置花坛、花境，亦作丛植、片植。

015 观赏向日葵

观赏向日葵

【别名】 美丽向日葵。

【科属】 菊科，向日葵属。

【识别要点】 一年生草花。株高 90 ~ 300 cm，茎叶似向日葵。头状花序，舌状花有黄、橙、红褐等色，管状花有黄、褐、黑等色。花期 7—9 月。

【习性】 强健，忌高温多湿，喜光，不耐阴，对土壤要求不严。播种至开花需 50 ~ 60 d。

【繁殖】 播种繁殖。

【花语】 光辉、高傲、忠诚、爱慕。

【观赏】 布置花境或片植，亦可盆栽、切花。

016 雏　菊

雏　菊

【别名】 春菊、延命菊。

【科属】 菊科，雏菊属。

【识别要点】 二年生草花。株高 15 ~ 20 cm。叶基部簇生，匙形。头状花序单生，花径 3 ~ 5 cm，花有白、粉、红等色。花期 3—6 月。

【习性】 耐寒，宜冷凉气候，忌炎热。喜光，不耐阴。喜富含腐殖质、湿润、肥沃土壤。

【繁殖】 播种繁殖。

【花语】 爱在心中、纯情、幸福、坚强。

【鉴赏】 布置花坛、花丛。

017 白晶菊

【别名】 晶晶菊。

【科属】 菊科，茼蒿属。

白晶菊

【识别要点】　二年生草花。株高 15 ~ 25 cm。叶互生，1 ~ 2 回羽裂。花盘状顶生，边缘舌状花银白色，中央筒状花金黄色。花期从冬末至初夏。

【习性】　喜温、不耐寒。喜光。喜湿润，不耐湿涝。不择土壤。

【繁殖】　播种繁殖。

【鉴赏】　布置花坛、花境，亦可片植或盆栽。

018　玛格丽特

玛格丽特

【别名】　蓬蒿菊、小牛眼菊、少女花。

【科属】　菊科，木茼蒿属。

【识别要点】　多年生草本，株高 30 ~ 80 cm。叶互生，羽状细裂。花腋生，单瓣或重瓣，花有白、黄、淡红等色。花期 10 月至翌年 5 月。

【习性】　喜凉爽，不耐寒，不耐炎热。喜湿润，忌积涝。喜光。喜疏松、肥沃、排水良好土壤。

【繁殖】 扦插繁殖。

【花语】 期待的爱、骄傲、满意、喜悦。

【鉴赏】 宜盆栽观赏。

019 百日草

百日草

【别名】 百日菊、步步高、火球花、对叶菊。

【科属】 菊科，百日草属。

【识别要点】 一年生草花。株高 40 ~ 120 cm。叶对生无柄、卵圆形。头状花序，舌状花有黄、粉、红、橙等色，管状花黄橙色。花期夏秋。

【习性】 喜温、喜光，不耐寒、忌酷暑。耐干旱瘠薄，忌连作。喜肥沃、深厚、排水良好的土壤。

【繁殖】 播种繁殖。

【花语】 想念远方朋友，天长地久。

【鉴赏】 布置花坛、花境，亦作切花。

020 金盏菊

金盏菊

【别名】 金盏花。

【科属】 菊科，金盏菊属。

【识别要点】 二年生草花。株高 30 ~ 60 cm。单叶互生，椭圆形。头状花序，舌状花金黄或橘黄色，筒状花黄色或褐色。花期 12 月至翌年 6 月。

【习性】 喜光，耐寒，忌炎热。对土壤要求不严，耐干旱、耐瘠薄。适应性强，生长快。

【繁殖】 播种、扦插繁殖。

【鉴赏】 布置花坛、花带、中心广场。

021　万寿菊

万寿菊

【别名】　臭芙蓉、臭菊花、蜂窝菊、万寿灯。

【科属】　菊科，万寿菊属。

【识别要点】　一年生草花。株高 60 ~ 100 cm，全株具异味，茎粗壮直立。单叶对生，具锯齿。头状花序顶生，黄色或橙色，花期 8—9 月。

【习性】　喜温、喜光、喜湿，耐干旱、耐寒。对土壤要求不严。

【繁殖】　播种、扦插繁殖。

【花语】　吉祥、健康长寿。

【鉴赏】　布置花坛，亦作切花。

022　孔雀草

孔雀草

【别名】　小万寿菊、杨梅菊、臭菊。

【科属】　菊科，万寿菊属

【识别要点】　一年生草花。株高 30 ~ 40 cm。羽状复叶对生，小叶披针形，羽状分裂。头状花序顶生，单瓣或重瓣。花有红褐、黄褐、淡黄等色。花期五一至十一。

【习性】　喜光，耐半阴。对土壤要求不严。适应性强，生长快、耐移栽，栽培管理容易。

【繁殖】　播种、扦插繁殖。

【鉴赏】　布置花坛、花丛、花境。

023　非洲万寿菊

非洲万寿菊

【科属】　菊科，万寿菊属。

【识别要点】　多年生宿根草本，株高 30 ~ 45 cm。叶基生，叶柄长，叶片长圆状匙形。头状花序单生，舌状花瓣 1 ~ 2 枚或多轮呈重瓣状，花有大红、橙红、淡红、黄等色。花期全年。

【习性】　喜温，不耐寒。喜光。喜湿，亦耐旱。喜肥沃、排水良好的沙壤土。

【繁殖】　播种繁殖。

【鉴赏】　布置花坛、花境，亦可盆栽。

024　皇帝菊

皇帝菊

【别名】　黄帝菊、美兰菊。

【科属】　菊科，美兰菊属。

【识别要点】　一、二年生草本，株高 30 ~ 50cm，分枝多。叶对生，阔披针形或长卵形，先端渐尖，锯齿缘。头状花序顶生，花小，舌状花金黄色，管状花黄褐色。花期春秋。

【习性】　喜温。喜光。喜湿润。喜疏松、肥沃的土壤。

【繁殖】　播种繁殖。

【鉴赏】　布置花坛、花境，亦可盆栽。

025　黄金菊

黄金菊

【别名】　罗马春黄菊。

【科属】　菊科，菊属。

【识别要点】　多年生草本，株高 40～50cm。全株具香气。叶羽状细裂，略带草香及苹果香气。花黄色，花心黄色。花期夏季。

【习性】　喜温，不耐寒。喜湿润。喜光。喜疏松、肥沃、排水良好的沙壤土。

【繁殖】　播种繁殖。

【花语】　相逢的喜悦。

【鉴赏】　布置花坛，亦作地被。

026　蛇目菊

蛇目菊

【别名】　小波斯菊、金钱菊、孔雀菊。

【科属】　菊科，蛇目菊属。

【识别要点】　一年生草本，株高 50 cm。茎平卧或斜生。叶菱状卵形或长圆状卵形，全缘。头状花序着生纤细枝顶，舌状花黄色，基部或中下部红褐色，管状花紫褐色。花期 5—9 月。

【习性】　喜冷凉，耐寒。喜光。耐干旱，耐瘠薄，肥沃土壤易徒长倒伏。

【繁殖】　播种繁殖。

【花语】　恳切的喜悦。

【鉴赏】　布置花坛、花境。

027　堆心菊

堆心菊

【别名】　翼锦鸡菊。

【科属】　菊科，堆心菊属。

【识别要点】 多年生草花。株高 60 cm 以上。叶披针形，头状花序顶生，舌状花柠檬黄色，管状花黄绿色。花期 7—10 月。

【习性】 喜温暖向阳环境，抗寒耐旱，适生温度 15 ~ 28 °C，不择土壤。

【繁殖】 播种繁殖。

【花语】 好心情。

【鉴赏】 布置花坛、花境，亦作地被。

028 瓜叶菊

【别名】 千日莲、瓜叶莲。

【科属】 菊科，千里光属。

【识别要点】 多年生草本，株高 20 ~ 40 cm。叶大，心状卵形，似瓜类叶，故名瓜叶菊。头状花序，筒状花有蓝、紫、红等色，花期 1—4 月。

瓜叶菊

【习性】 喜温暖湿润的气候，不耐寒，忌酷暑，忌干燥。喜光，忌阳光直射。

【繁殖】 以播种繁殖为主，亦可扦插繁殖。

【鉴赏】 布置花坛、花境，亦可盆栽。

029 翡翠珠

翡翠珠

【别名】 珍珠吊兰、情人泪、绿铃、佛串珠。

【科属】 菊科，千里光属。

【识别要点】 多年生草本。茎纤细。叶互生，圆心形，深绿色，肥厚多汁。头状花序顶生，花白色至浅褐色。花期 12 月至翌年 1 月。

【习性】 喜温。喜湿润，较耐旱。喜半阴，忌强光直射。喜富含有机质、疏松肥沃的土壤。

【繁殖】 扦插繁殖。

【花语】 倾慕、管理。

【鉴赏】 宜室内盆栽。

030 西洋滨菊

【别名】 大滨菊。

【科属】　菊科，滨菊属。

【识别要点】　多年生草花。株高 15 ~ 80 cm。茎直立。基生叶花期生存，长椭圆形、倒披针形、倒卵形或卵形。头状花序单生茎顶或 2 ~ 5 个排成疏松伞房状，花梗长。花期 5—10 月。

【习性】　喜温，亦耐寒。喜光，耐半阴。喜湿润。

【繁殖】　播种、分株和扦插繁殖。

【花语】　深藏的爱。

【鉴赏】　布置花坛、花境，盆栽，亦作切花。

西洋滨菊

031　地被菊

地被菊

【科属】　菊科，菊属。

【识别要点】　多年生草本，株高 20 ~ 35 cm。株型矮壮、花朵紧密、自然成型，花有红、白、黄等色，花期 9 ~ 10 月。

【习性】　喜冷凉，较耐寒。喜光，稍耐阴。较耐旱，忌积涝。喜疏松、肥沃土壤。

【繁殖】　扦插、分株繁殖。

【鉴赏】　布置花坛、花境，亦可盆栽。

032　大花藿香蓟

【别名】　心叶霍香蓟、熊耳草、何氏胜红蓟。

【科属】　菊科，藿香蓟属。

【识别要点】　多年生草本，株高 15 ~ 25 cm。丛生。叶卵圆形，表面有褶皱。头状花序顶生，花有蓝、雪青、粉红、白等色。花期夏秋。

【习性】　喜温，不耐寒；喜光，忌酷暑。

【繁殖】　播种、扦插繁殖。

【花语】　信赖。

【鉴赏】　布置花坛、花境，亦可盆栽。

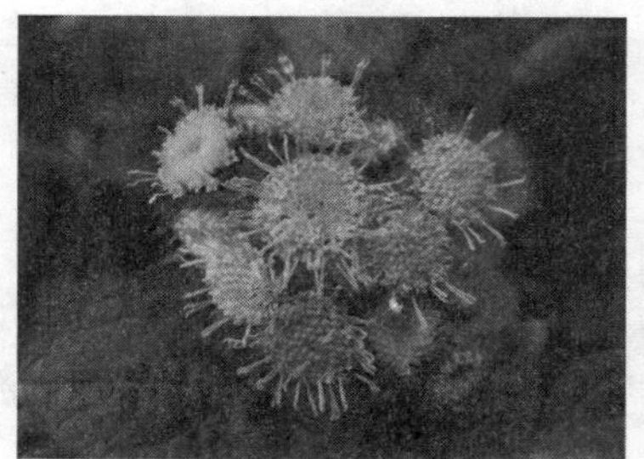

大花藿香蓟

033　虞美人

【别名】　小种罂粟花、丽春花、舞草。

【科属】 罂粟科，罂粟属。

【识别要点】 一、二年生草花，株高 40 ~ 70 cm。花单生，花梗长，花瓣 4 片，花有红色、橙色、黄色、白色等色。花期 4—7 月。

虞美人

【习性】 喜阳光充足的环境，耐寒，怕暑热。喜排水良好、肥沃的沙壤土。不耐移栽。

【繁殖】 播种繁殖。

【鉴赏】 布置花坛、花境，亦作切花。

034 金正日花

金正日花

【科属】 秋海棠科，秋海棠属。

【识别要点】 多年生草本。地下块茎褐色，呈不规则扁球形。地上茎高约 30 cm，肉质，直立有毛，绿色或暗红色。叶大，互生，呈不规则心脏形，先端尖。花大色艳，深红色，花期长达 4 个月。

【习性】 喜温、喜光，不耐寒。忌积水，喜疏松肥沃、排水良好的湿润土壤。

【繁殖】 扦插、组培繁殖。

【鉴赏】 布置花坛、花境，亦可盆栽。

035 四季秋海棠

【别名】 四季海棠、玻璃海棠。

【科属】 秋海棠科，秋海棠属。

【识别要点】 多年生常绿草本，高 25 ~ 40 cm。茎直立，稍肉质，须根发达；叶卵圆至广卵圆形；聚伞花序，花有红、粉红、白等色，花期四季。

四季秋海棠

【习性】 喜光，喜温，忌炎热，不耐寒。忌积水、喜肥沃疏松、排水良好的土壤。

【繁殖】 播种、扦插、分株繁殖。

【鉴赏】 布置花坛、花境，亦可盆栽。

036　耧斗菜

耧斗菜

【别名】　猫爪花、白果兰、血见愁。

【科属】　毛茛科，耧斗菜属。

【识别要点】　多年生草花，株高 50 ~ 70 cm。茎直立，2 回 3 出复叶。花冠漏斗状、下垂，花瓣 5 枚，花有白色、粉红、黄等色；花期 4—6 月。

【习性】　喜凉爽、耐寒，忌高温曝晒。性强健，喜富含腐殖质、湿润而排水良好的砂质壤土。

【繁殖】　播种或分株繁殖。

【鉴赏】　布置花境、花坛。

037　花菱草

花菱草

【别名】 人参花、金英花。

【科属】 罂粟科，花菱草属。

【识别要点】 多年生草花。株高 30～60 cm。叶多回 3 出羽状深裂。单花顶生，花瓣 4 枚，外缘波皱。花有金黄、橙红、淡紫红等色。花期春夏。

【习性】 喜冷凉干燥，较耐寒，不耐湿热。宜疏松肥沃，排水良好、上层深厚的沙质壤土，也耐瘠土。

【繁殖】 直播、扦插繁殖。

【鉴赏】 布置花带、花境，亦可盆栽。

038 芙蓉葵

芙蓉葵

【别名】 草芙蓉、大花秋葵。

【科属】 锦葵科，木槿属。

【识别要点】 多年生草本。株高 1～2 m。叶大、广卵形。花大，单生叶腋，有红、白等色。入冬地上部枯萎，翌年萌发开花。花期 6—8 月。

【习性】 喜温，亦耐热、耐寒。喜光，略耐阴。对土壤要求不严，忌干旱，耐水湿、盐碱。喜肥沃、排水良好的砂质壤土。

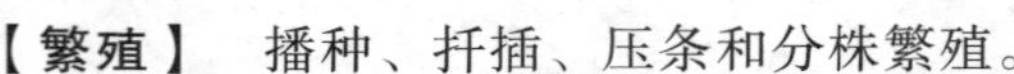

【繁殖】 播种、扦插、压条和分株繁殖。

【鉴赏】 宜植河坡、湖畔，亦可布置花境。

039 蜀 葵

蜀 葵

【别名】 一丈红、棋盘花、麻秆花。

【科属】 锦葵科，蜀葵属。

【识别要点】 多年生草本，株高 2～3 m。茎直立丛生。叶互生，心脏形。花单（簇）生叶腋，花有红、紫、黄、复色等色，花期 5—9 月。

【习性】 喜光，耐半阴，耐寒。不择土壤，耐盐碱、忌涝。

【繁殖】 播种繁殖，亦可分株、扦插。

【鉴赏】 布置花境，亦作花墙。

040　毛地黄

毛地黄

【别名】　洋地黄、指顶花、金钟、吊钟花。

【科属】　玄参科，毛地黄属。

【识别要点】　二年生草花，株高 60 ~ 120 cm。茎直立，分枝少。叶基生呈莲座状，卵圆形。顶生总状花序长 50 ~ 80 cm，花冠钟状。花有白、粉和深红色等色，花期 6—8 月。

【习性】　喜光，耐阴。较耐寒、较耐干旱、耐瘠薄。喜湿润而排水良好的土壤。全株有毒。

【繁殖】　播种或分株繁殖。

【鉴赏】　布置花境、花坛。

041　金鱼草

金鱼草

【别名】 龙头花、狮子花、洋彩雀。

【科属】 玄参科，金鱼草属

【识别要点】 多年生草本。株高 20 ~ 70 cm，叶长圆状披针形。总状花序，花冠筒状唇形，花有白、淡红、深红、黄等色。花期 4—12 月。

【习性】 耐寒，不耐热。喜光，耐半阴。忌积水。喜肥沃、疏松、排水良好的微酸性沙壤土。

【繁殖】 播种、扦插繁殖。

【花语】 清纯的心、鸿运当头（红）、金银满堂（黄）、花好月圆（紫）。

【鉴赏】 布置花境、花坛，亦可盆栽或切花。

042 蒲包花

蒲包花

【别名】 荷包花、元宝花。

【科属】 玄参科，蒲包花属。

【识别要点】 多年生草本，株高约 30 cm。叶卵形对生。花冠二唇状，上唇瓣小，下唇瓣膨大。花单色或复色，花期 12 月至翌年 2 月。

【习性】 喜冷凉、怕高温。喜湿润，对水分敏感，忌旱、忌涝。喜富含腐殖质、排水良好土壤。

【繁殖】 播种繁殖。

【花语】 援助、富有、富贵。

【鉴赏】 布置花境、花坛，亦可盆栽。

043 夏 堇

夏 堇

【别名】 蓝猪耳、花公草。

【科属】 玄参科，蝴蝶草属。

【识别要点】 一年生草花，株高 20 ~ 30 cm。叶对生，长心形，叶缘有细锯齿。花顶生，花有白、紫红或蓝紫色，喉部有斑点。花期 6—12 月。

【习性】 喜光，稍半阴。喜温，稍耐寒。喜湿润，亦耐旱。喜疏松、肥沃沙壤土。

【繁殖】 播种繁殖。

【花语】 请想念我。

【鉴赏】 布置花境、花坛，亦可盆栽。

044　矮牵牛

矮牵牛

【别名】　碧冬茄、矮喇叭、番薯花。

【科属】　茄科，碧冬茄属。

【识别要点】　多年生草本。株高 15 ~ 80 cm，茎直立（匍匐）。叶椭（卵）圆形，互（对）生。花漏斗状，有粉红、紫等色，花期 5—7 月。

【习性】　喜温暖、阳光充足环境。不耐霜冻，怕雨涝。喜疏松、肥沃、排水良好的沙壤土。

【繁殖】　播种、扦插、组培繁殖。

【鉴赏】　布置花坛、花台，亦可盆栽。

045　红花烟草

红花烟草

【科属】　茄科，烟草属。

【识别要点】　一年生草本，株高 60 cm。全株被细毛，分枝多。基生叶匙形，茎生叶长披针形。顶生圆锥花序，花冠喇叭状，似五角星。花色紫红或深粉红，花期 8—10 月。

【习性】　喜温暖，不耐寒。喜阳，耐微阴。喜肥沃、疏松而湿润的土壤。

【繁殖】　播种繁殖。

【鉴赏】　布置花坛、花境，亦可盆栽。

046　黄花曼陀罗

黄花曼陀罗

【科属】 茄科，曼陀罗属。

【识别要点】 多年生宿根草本。株高 30 ~ 90 cm。叶长卵状披针形，全缘或疏锯齿。花筒状，黄色。花期全年。

【习性】 喜温暖、不耐寒。喜光。喜湿润，亦耐旱。对土壤要求不严。

【繁殖】 扦插或播种。

【鉴赏】 宜道边、河岸、山坡栽植。

047 艳山姜

【别名】 月桃、玉桃、野山姜。

【科属】 姜科，山姜属。

【识别要点】 多年生常绿丛生草本，株高 2 ~ 3 m。叶大，革质，披针形。圆锥花序顶生，下垂。小苞片椭圆形，白色，顶端及基部粉红色；花萼近钟形，萼片白色，顶端粉红色；唇瓣匙状宽卵形，顶端皱波状，黄色而有紫红色条纹。花期 4—7 月。

艳山姜

【习性】 喜温，不耐寒。喜光，耐半阴。喜湿润。喜肥沃、湿润土壤。

【繁殖】 播种、分株。

【鉴赏】 宜公园、庭院栽植，亦作切花。

048 蝴蝶兰

蝴蝶兰

【科属】　兰科，蝴蝶兰属。

【识别要点】　茎极短。叶片肉质，椭圆形或长圆形。花序长，侧生茎基；花色丰富，花有纯白、红、粉、黄及复色等色。花期 4—6 月。

【习性】　喜暖畏寒。生长适温 15 ~ 20 °C，冬季温度不低于 10 °C。喜湿润、半阴的环境，空气湿度以 50% ~ 70% 为宜。夏季忌阳光直射。

【繁殖】　组培、播种、切茎。

【花语】　我爱你，幸福向你飞来。

【鉴赏】　宜作切花，亦可盆栽。

049　大花蕙兰

大花蕙兰

【别名】　杂种虎头兰、喜姆比兰。

【科属】　兰科，兰属。

【识别要点】　多年生常绿草本。叶丛生，带形，革质。花梗由假球茎抽出，每梗着花 8 ~ 16 朵。花有红、黄、白、复色等色。花期 2—3 月。

【习性】　喜暖，畏寒。喜半阴。喜湿润。喜疏松、肥沃、富含腐殖质的微酸性土壤。

【繁殖】　分株。

【鉴赏】　宜室内盆栽。

050　米尔特兰

米尔特兰

【科属】　兰科，米尔特兰属。

【识别要点】　多年生常绿草本。茎短。叶丛生，革质，长披针形。花剑自叶腋抽出，花大，花有白色、粉红、紫等色。花期 12 至翌年 1 月。

【习性】　喜凉爽，不耐寒，忌酷暑。喜半阴半阳。喜湿润。喜疏松、肥沃、排水良好的土壤。

【繁殖】　分株。

【鉴赏】　宜室内盆栽。

051　石　斛

石　斛

【别名】　林兰、万丈须、吊兰。

【科属】　兰科，石斛属

【识别要点】　茎直立，肉质状肥厚，圆柱形。叶革质，长圆形。总状花序，花大色艳。花期4—5月。

【习性】　喜温暖、潮湿、半阴半阳环境。

【繁殖】　分株。

【花语】　欢迎你，亲爱的。

【鉴赏】　切花或盆栽。

052　兜　兰

【别名】　拖鞋兰。

【科属】　兰科，兜兰属。

【识别要点】　多年生常绿草本。茎极短。叶基生，革质，中脉明显。带形、长圆形或披针形。花单生或2～3朵。花有白、浅绿、黄、红褐等色。花形奇特，萼片大，背萼呈扁圆形或倒心脏形，花纹艳丽，两片侧萼合生，唇瓣囊状。花期全年。

【习性】　喜温。喜湿润、半阴。喜疏松、肥沃的土壤。

【繁殖】　分株。

【鉴赏】　宜盆栽。

兜　兰

053　三色堇

三色堇

【别名】　蝴蝶花、鬼脸花、猫脸花、人面花。

【科属】　堇菜科，堇菜属。

【识别要点】 多年生草花。高 10 ~ 40 cm。叶卵形或披针形。花色丰富，花期 4—7 月。

【习性】 喜凉爽，较耐寒。喜肥沃、排水良好、富含有机质的中性壤土或黏壤土。

【繁殖】 播种，亦可扦插、压条繁殖。

【鉴赏】 布置花坛，亦可盆栽。

【繁殖】 常采用分株、扦插、组培繁殖。

【鉴赏】 宜作切花，亦可盆栽。

054 白 掌

白 掌

【别名】 白鹤芋、苞叶芋。

【科属】 天南星科，苞叶芋属。

【识别要点】 多年生常绿草本植物，株高 40 ~ 60 cm。叶长圆形或近披针形，先端尖，基部圆形，叶色浓绿。佛焰苞直立向上，稍卷，呈白色。肉穗花序圆柱形。花期 5—10 月。

【习性】 喜半阴，忌阳光直射。喜高温，不耐寒。喜湿润。喜疏松、肥沃、排水良好的沙质壤土。

【繁殖】 分株。

【鉴赏】 宜室内盆栽、亦可林下配植。

055 鹤望兰

鹤望兰

【别名】 天堂鸟、极乐鸟。

【科属】 芭蕉科，鹤望兰属。

【识别要点】 多年生常绿草本。单叶基生，长圆状披针形，厚革质，坚硬。穗状花序顶生或腋生，总苞片绿色，边缘暗红色。花形奇特，状如仙鹤。花期 5—11 月。

【习性】 喜温，不耐寒。喜光。喜湿润。喜疏松、肥沃、排水良好的土壤。

【繁殖】 播种、分株。

【花语】 热烈的相爱、相拥、幸福快乐。

【鉴赏】 宜作切花，亦可布置花坛或盆栽。

056　长寿花

长寿花

【别名】 伽蓝菜、寿星花、燕子海棠。

【科属】 景天科，伽蓝菜属。

【识别要点】 多年生常绿草本。株高 10 ~ 30 cm。茎直立，单叶交互对生，叶肉质，亮绿色，有光泽。聚伞花序圆锥状，花小而密，花有粉红、绯红、橙红、白、黄等色，花期 1—4 月。

【习性】 喜温，不耐寒。喜光。耐干旱。

【繁殖】 扦插。

【鉴赏】 盆栽，亦可布置花槽、橱窗等。

057　观赏凤梨

观赏凤梨

【科属】　凤梨科，凤梨属。

【识别要点】　多年生附生草本，有短茎，叶硬，叶丛莲座状。花序呈圆锥状，总状或穗状，着生叶筒中央，花有黄、褐、粉红、红、紫等色。

【习性】　喜温，不耐寒。喜光，忌曝晒，亦耐阴。忌干燥。喜疏松、通气的微酸性土壤。

【繁殖】　常用分株、组培。

【鉴赏】　盆栽，亦作插花。

058　醉蝶花

醉蝶花

【别名】　蜘蛛花、西洋白花菜、紫龙须。

【科属】　白花菜科，醉蝶花属。

【识别要点】　一年生草本，株高 60 ~ 150 cm。掌状复叶互生，披针形。总状花序顶生，花有红、白、淡紫等色。花期 6—11 月。

【习性】　喜高温，耐酷暑，忌寒冷。喜光，耐半阴。对土壤要求不严，忌碱性或黏重土壤。喜湿，亦耐旱，忌积水。抗污性强。

【繁殖】　播种、扦插繁殖。

【鉴赏】　布置花坛、花境，亦可盆栽。

059　君子兰

君子兰

【别名】　大花君子兰、剑叶石蒜。

【科属】　石蒜科，君子兰属。

【识别要点】　多年生常绿草本。根系粗大，肉质。叶革质，深绿色，剑形，互生排列。伞形花序顶生，有花数朵至数十朵；花漏斗形，直立，橙红色。全年开花。果实期 10 月。

【习性】　性健壮，喜温暖湿润而半阴的环境。要求排水良好、肥沃的土壤。不耐寒。

【繁殖】　播种、分株繁殖。

【鉴赏】　布置花坛、会场、亦可盆栽。

060　垂笑君子兰

垂笑君子兰

【科属】　石蒜科，君子兰属。

【识别要点】　多年生常绿草本。叶基生，质厚，深绿色，具光泽，带状，边缘粗糙。花茎由叶丛中抽出。伞形花序顶生，着花数朵至数十朵；开花时下垂，花被橙红色。花果期夏秋。

【习性】　喜半阴。喜温，不耐寒。喜湿润。喜疏松、肥沃、排水良好的微酸性土壤。

【繁殖】　播种、分株繁殖。

【花语】　高贵。

【鉴赏】　宜盆栽。

061　百子莲

百子莲

【别名】 百子兰、蓝花君子兰、非洲百合。

【科属】 石蒜科，百子莲属。

【识别要点】 多年生草本，株高 50 ~ 70 cm。叶两列基生，舌状带状，光滑，浓绿色。花亭自叶丛中抽出，伞形花序顶生，着花数十朵。小花钟状漏斗形，蓝色或白色。花期 7—9 月。

【习性】 喜温、不耐寒。喜湿润。喜光。

【繁殖】 播种、分株。

【鉴赏】 布置花坛、花境，亦可盆栽。

062 一串红

【别名】 爆仗红、炮仗红。

【科属】 唇形科，鼠尾草属。

【识别要点】 多年生草本，株高 30 ~ 80 cm。叶卵形对生。总状花序顶生，花萼钟形，绯红色；花冠红色。花期 7—10 月。

【习性】 喜温，忌高温，不耐寒，忌霜雪。喜光，亦耐半阴。忌积水、忌碱性土。

【繁殖】 播种、分株繁殖。

【鉴赏】 布置花坛、花境。

一串红

063 红花鼠尾草

红花鼠尾草

【别名】　一串红唇、红唇、朱唇。

【科属】　唇形科，鼠尾草属。

【识别要点】　一、二年生草本，株高 60 ~ 90 cm。叶长心形，叶缘有钝锯齿。总状花序顶生，花冠红色，下唇长于上唇。花期春夏。

【习性】　喜温。喜光。喜湿润。喜疏松、肥沃的土壤。

【繁殖】　播种、扦插。

【鉴赏】　布置花坛、花境，亦可盆栽。

064　蓝花鼠尾草

蓝花鼠尾草

【别名】　粉萼鼠尾草。

【科属】　唇形科，鼠尾草属。

【识别要点】　一、二年生或多年生草本及常绿小灌木，株高 30 ~ 60 cm。叶对生，长椭圆形，先端圆，全缘（或有钝锯齿）。花轮生茎顶或叶腋，花紫色、青色，偶见白色芳香。花期春夏。

【习性】　喜温。喜光，耐半阴。喜湿润。喜疏松、排水良好的土壤。

【繁殖】 播种繁殖。

【鉴赏】 布置花坛、花境，亦可盆栽。

065 石 竹

石 竹

【别名】 中国石竹、常夏。

【科属】 石竹科，石竹属。

【识别要点】 多年生草本。株高 30 ~ 40 cm。茎直立簇生。叶对生，条形或披针形。聚伞花序顶生，单朵或数朵簇生。花有紫红、粉红、纯白等色，花期 4—10 月。

【习性】 喜凉爽，耐寒，不耐酷暑。喜湿润，亦耐旱，忌水涝。喜光。喜肥。

【繁殖】 播种、扦插和分株。

【鉴赏】 布置花坛、花境、花台。

066 羽扇豆

羽扇豆

【别名】　多叶羽扇豆、鲁冰花。

【科属】　豆科，羽扇豆属。

【识别要点】　多年生草花，株高 90 ~ 120 cm。掌状复叶，小叶 10 ~ 17 枚，叶厚平滑。总状花序顶生，花有红、黄、蓝、粉等色。花期 5—6 月。

【习性】　喜光，稍耐阴。喜凉爽，较耐寒，忌炎热。耐旱，喜肥沃、疏松、排水良好的酸性沙壤土。

【繁殖】　播种、扦插繁殖。

【鉴赏】　布置花境、花坛，亦可盆栽。

067　凤仙花

【别名】　指甲花、急性子、小桃红。

【科属】　凤仙花科，凤仙花属。

【识别要点】　一年生草本，株高 40 ~ 100 cm。肉质，粗壮，直立。叶互生，披针形。花有粉红、大红、紫等色。花期 6—8 月。

凤仙花

【习性】　喜光，怕湿，耐热不耐寒。耐瘠薄。

【繁殖】　播种繁殖。

【花语】　别碰我。

【鉴赏】　布置花境，亦作切花。

068　新几内亚凤仙

新几内亚凤仙

【科属】　凤仙花科，凤仙花属。

【识别要点】 多年生常绿草本。茎肉质，多分枝。叶互生，卵状披针形。花单生或数朵聚成伞房花序，花瓣粉红、紫红、白色等色。花期6—8月。

【习性】 喜光，耐半阴。喜湿润。喜疏、松肥沃的微酸性土壤。

【繁殖】 播种繁殖。

【鉴赏】 盆栽。

069 非洲凤仙花

【别名】 洋凤仙。

【科属】 凤仙花科，凤仙花属。

【识别要点】 多年生草本。茎多汁、光滑、节间膨大，多分枝。叶卵形，叶柄长，边缘有钝锯齿。花腋生，1~3朵，扁圆形，花色丰富。花期全年。

【习性】 喜光，耐半阴。喜温，不耐寒。喜湿润。喜疏松、肥沃的土壤。

【繁殖】 播种、扦插。

【鉴赏】 布置花坛、花境，亦可盆栽或吊盆。

非洲凤仙花

070 旱金莲

旱金莲

【别名】 金莲花、旱荷。

【科属】　旱金莲科，旱金莲属。

【识别要点】　多年生草本，株高 30 ~ 70 cm。叶似荷。花单生叶腋或 2 ~ 3 朵成聚伞花序，有黄、红、橙等色。花期 7—8 月。

【习性】　喜温暖湿润，阳光充足的环境。不耐寒，越冬温度 10 °C 以上。不耐湿涝。

【繁殖】　播种、扦插繁殖。

【鉴赏】　盆栽，亦可装饰阳台、窗台。

071　鸡冠花

鸡冠花

【别名】　老来红、鸡公花、红鸡冠。

【科属】　苋科，青葙属。

【识别要点】　一年生草花，株高 40 ~ 100 cm。茎直立粗壮，叶互生，长卵形。肉穗状花序顶生，呈扇形、肾形、扁球形等，花有红、黄、橙红等色。花期夏秋。

【习性】　喜温、不耐寒。喜光。耐旱，对土壤要求不严，不耐瘠薄，不耐涝。

【繁殖】　播种繁殖。

【鉴赏】　布置花坛、花境。

072　千日红

千日红

【别名】　圆仔花、长生花、千日草。

【科属】　苋科，千日红属。

【识别要点】　一年生直立草本，高约 20 ~ 60 cm。叶对生，纸质，长圆形。头状花序顶生，圆球形或椭圆状球形，紫红色；苞片紫红、粉红或白色，花期 7—10 月。

【习性】　喜温，不耐寒。性强健，耐阳光，耐热。喜疏松、肥沃、排水良好的土壤。

【繁殖】　播种繁殖。

【花语】　不朽。

【鉴赏】　布置花坛、花境，亦可盆栽。

073　雁来红

【别名】　三色苋、老来少、老来娇、叶鸡冠。

雁来红

【科属】 苋科，苋属。

【识别要点】 一年生草花，株高 15 ~ 45 cm。茎直立，少分枝。下部叶对生，上部叶互生，菱状卵形至披针形，全缘。观赏期 7—10 月。

【习性】 喜温，不耐寒。喜光。耐旱，忌水涝和湿热。喜疏松、肥沃和排水良好的土壤。

【繁殖】 播种、扦插。

【花语】 爱戴。

【鉴赏】 布置花坛、花境，亦可盆栽。

074 紫罗兰

紫罗兰

【别名】　草桂花、四桃克。

【科属】　十字花科，紫罗兰属。

【识别要点】　多年生草本。株高 30 ~ 50 cm。茎直立，多分枝。叶长椭圆形。总状花序顶生和腋生，花有红、白等色。花期 3—5 月。

【习性】　喜凉爽，耐寒，忌闷热。不耐阴，怕渍水，喜疏松、肥沃、排水良好的土壤。

【繁殖】　秋季播种繁殖。

【鉴赏】　布置花坛、花境，亦作切花。

075　桂竹香

【别名】　黄紫罗兰、香紫罗兰。

【科属】　十字花科，桂竹香属。

【识别要点】　多年生草本。株高 20 ~ 70 cm。叶互生，披针形。总状花序顶生，花橙黄或黄褐色，两色混杂。花期 4—6 月。

【习性】　喜凉爽，稍耐寒，忌酷暑。喜光。畏涝，喜疏松肥沃、排水良好的土壤。

【繁殖】　播种、扦插繁殖。

【花语】　爱的羁绊。

【鉴赏】　布置花坛、花境，亦可盆栽。

桂竹香

076　羽衣甘蓝

羽衣甘蓝

【别名】　叶牡丹、牡丹菜、花包菜。

【科属】　十字花科，甘蓝属。

【识别要点】　二年生草本，茎短缩，叶丛莲座状。叶片肥厚，倒卵形。总状花序顶生，花期 4—5 月。

【习性】　喜冷凉气候，极耐寒。喜光，耐热性强，生长适温 20 ~ 25 °C。耐盐碱，喜肥沃的土壤。生长势强，栽培容易。

【繁殖】　播种繁殖。

【鉴赏】　布置花坛、花境，亦可盆栽。

077　半支莲

【别名】　太阳花、死不了、午时花。

半支莲

【科属】 马齿苋科，马齿苋属。

【识别要点】 一年、多年生草本。株高 15 ~ 20 cm。茎肉质细圆，平卧或斜生。叶圆柱形。花顶生，单瓣、半重瓣或重瓣。花有红、黄、紫等色。花期 5—11 月。

【习性】 喜温。喜光，忌阴湿。耐瘠薄，喜肥沃、疏松、排水良好的砂质土壤。

【繁殖】 播种、扦插繁殖。

【鉴赏】 布置花坛、花境，亦可盆栽。

078 紫茉莉

紫茉莉

【别名】 草茉莉、胭脂花、地雷花。

【科属】 紫茉莉科，紫茉莉属。

【识别要点】 多年生草花，株高 50 ~ 100 cm。单叶对生，卵状。花顶生，花萼喇叭形，有红、黄、白等色，花期 6—11 月。

【习性】 喜温暖湿润、通风良好的环境，不耐寒。喜土层深厚、富含腐殖质、疏松、肥沃的壤土。忌酷暑、强光暴晒。

【繁殖】　播种繁殖。

【鉴赏】　宜丛植，林缘片植。

079　随意草

随意草

【别名】　芝麻花、假龙头。

【科属】　唇形科，随意草属。

【识别要点】　多年生草本，株高 60 ~ 120 cm。茎丛生直立。叶对生，长椭圆至披针形。穗状花序顶生，花淡紫、红、粉色，花期 7—9 月。

【习性】　喜光，耐寒，喜湿润。喜排水良好的沙质壤土。

【繁殖】　常采用分株，亦可播种、扦插。

【鉴赏】　布置花坛、花境，亦可片植。

080　欧洲报春

【别名】　欧洲樱草、德国报春、西洋樱草。

【科属】　报春花科，报春花属。

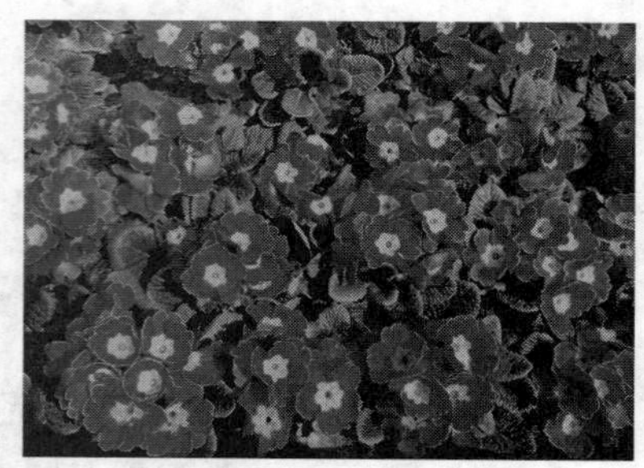
欧洲报春

【识别要点】 多年生草本。丛生，株高约 20 cm。叶基生，长椭圆形。伞状花序，花有大红、粉红、蓝色、黄、橙、等色。

【习性】 喜温暖湿润气候，较耐寒，耐潮湿，怕暴晒，不耐高温。喜富含腐殖质、肥沃、排水良好的酸性土壤。花期早春。

【繁殖】 播种繁殖。

【鉴赏】 布置花坛，亦可盆栽。

081　藏报春

藏报春

【别名】 多花报春、大樱草、年景花。

【科属】 报春花科，报春花属。

【识别要点】 多年生草本。株高 15 ~ 30 cm。叶基生，阔卵圆形。花期 12 月至翌年 3 月。

【习性】 喜温暖湿润的环境。以微酸性的腐叶土为最好。

【繁殖】 播种和分株繁殖。

【鉴赏】 布置花坛、盆栽。

082　玉　簪

玉　簪

【别名】 玉春棒、白鹤花、白萼。

【科属】 百合科，玉簪属。

【识别要点】 多年生草本，株高 40 ~ 50 cm。叶基部丛生，卵形至心状卵形。顶生总状花序，花白色，极香。花形如发髻的玉簪。花期夏秋。

【习性】 强健，耐寒，耐旱，耐瘠薄，耐盐碱，喜阴湿。忌强光暴晒。

【繁殖】 常采用分株，亦可播种。

【鉴赏】 布置花坛、花境，亦可丛植。

083　长春花

【别名】 日日新、日春花。

长春花

【科属】　夹竹桃科，长春花属。

【识别要点】　多年生草本，株高 30 ~ 70 cm。茎直立，多分枝。叶对生，长椭圆状，主脉白色明显。聚伞花序顶生，花有红、紫、粉、白、黄等色，花期春季至秋季。

【习性】　喜温暖、喜光。稍干燥，忌湿怕涝。耐瘠薄土壤，忌偏碱性土壤。

【繁殖】　播种繁殖。

【花语】　快乐，回忆，青春常在，坚贞。

【鉴赏】　布置花坛、花境，亦可盆栽。

084　山梗菜

山梗菜

【别名】　半边莲、水苋菜。

【科属】　桔梗科，半边莲属。

【识别要点】 多年生草本，高 60 ~ 120 cm。茎直立、圆柱状。叶螺旋状排列，无柄，宽披针形至条状披针形。总状花序顶生。花期 7—9 月。

【习性】 喜温、亦耐寒。喜湿，耐涝，怕旱。喜疏松、肥沃的黏土壤。

【繁殖】 以分株为主，亦可播种、扦插。

【花语】 恶意。

【鉴赏】 布置花坛、花境，亦可盆栽。

085 萱 草

【别名】 黄花、忘忧草。

【科属】 百合科，萱草属。

【识别要点】 多年生宿根草本。叶基生、宽线形、两列对排，嫩绿色。聚伞花序呈顶生。花大，漏斗形，花被裂片长圆形，下部合成花被筒，上部开展而反卷，边缘波状，橘红色。花期 5—7 月。

【习性】 耐寒。喜湿润、耐旱。喜光，耐半阴。喜富含腐殖质，排水良好的湿润土壤。

【繁殖】 播种、分株繁殖。

【花语】 爱的忘却。

【鉴赏】 布置花境，亦可丛植、路旁栽植。

萱 草

086 大花萱草

大花萱草

【科属】 百合科，萱草属。

【识别要点】 多年生宿根草本。叶基生、宽线形、两列对排。聚伞花序呈顶生。花大，漏斗形，花被金黄色或橘黄色。花期 5—7 月。

【习性】 强健，耐寒。适应性强，喜湿润，较耐旱，喜光，耐半阴。对土壤要求不严。

【繁殖】 播种、分株繁殖。

【花语】 爱的忘却。

【鉴赏】 布置花境，亦可丛植、路旁栽植。

087 鸢 尾

【别名】 蓝蝴蝶、扁竹叶、铁扁担。

鸢　尾

【科属】 鸢尾科，鸢尾属。

【识别要点】 多年生草本花卉，叶剑形，基部重叠互抱，呈二纵列交互排列。花蝴蝶形，有蓝、紫、黄、白、淡红等色。花期4—6月。

【习性】 喜光，耐半阴。强健，耐寒。

【繁殖】 常采用分株繁殖，亦可播种。

【鉴赏】 布置花坛、花境亦可丛植、盆栽。

088　蔓性天竺葵

蔓性天竺葵

【别名】 盾叶天竺葵。

【科属】 牻牛儿苗科，天竺葵属。

【识别要点】 多年生草本。叶互生，厚革质，近圆形，五角状浅裂或近全缘。伞房花序腋生，花梗被柔毛，花冠洋红、粉红、白等色，花期夏秋。

【习性】 喜温，不耐寒。喜光，较耐阴，忌暴晒。喜湿润，忌水湿。喜疏松、排水良好的土壤。

【繁殖】 扦插。

【鉴赏】 宜盆栽，亦可垂直绿化。

089 香叶天竺葵

【科属】 牻牛儿苗科，天竺葵属。

【识别要点】 灌木状或多年生草本，高达 1 m。茎直立，基部木质化，上部肉质。叶互生，近圆形或心形，掌状 5 ~ 7 深裂。伞形花序，花瓣玫瑰红或粉红，倒卵形。花期 5—7 月。

【习性】 喜温，不耐寒。喜湿润。喜光。对土壤要求不严。

【繁殖】 常采用扦插繁殖。

【鉴赏】 布置花坛、花境，亦可盆栽。

香叶天竺葵

090 细叶美女樱

细叶美女樱

【别名】 美女樱。

【科属】 马鞭草科，马鞭草属。

【识别要点】 多年生宿根草本，株高 20 ~ 30 cm。叶对生，条状羽裂。花序呈伞房状，顶生，花有紫、粉、白等色。花期 4—11 月。

【习性】 喜凉爽，不耐寒。喜湿润。喜光。喜疏松、肥沃、湿润的中性土壤。

【繁殖】 播种。

【鉴赏】 布置花坛、花境，亦可盆栽。

091 勿忘我

【科属】 蓝雪科，补血草属。

【识别要点】 多年生宿根草本。叶簇生茎基部，羽状裂。花序自基部分枝，干膜质；花有蓝、黄、粉、白、紫等色。花期 3—5 月。

【习性】 喜温，不耐寒。喜光，耐半阴。喜干燥。喜疏松、肥沃、排水良好的微碱性土壤。

勿忘我

【繁殖】 播种、组培。

【花语】 虽分离，勿相忘。

【鉴赏】 切花或干花，亦可布置花境。

092　中甸角蒿

中甸角蒿

【科属】 紫葳科，角蒿属。

【识别要点】 多年生草本。羽状复叶基部丛生，卵状披针形，边缘具细锯齿至近全缘；顶生叶较大，卵圆形至阔卵圆形，两端钝至近圆形。花亭自叶丛抽出，花大色艳，漏斗状，粉红色。花期 6—8 月。

【习性】 喜冷凉，稍耐寒。喜湿润。喜光，不耐阴。喜疏松、肥沃、排水良好的土壤。

【繁殖】 播种、扦插繁殖。

【鉴赏】 建高山植物园、亦可盆栽。

093 火炬花

【别名】 火把莲、火杖。

【科属】 百合科，火把莲属。

【识别要点】 多年生草本，株高 80 ~ 120 cm。茎直立。叶线形，基部丛生。总状花序着生数百朵筒状小花，呈火炬形，花冠橘红色，花期 6—7 月。

【习性】 喜温，不耐寒。喜光。喜湿润。喜疏松、排水良好的沙质壤土。

【繁殖】 播种、分株。

【鉴赏】 宜丛植、片植，亦可盆栽。

火炬花

094 大花飞燕草

大花飞燕草

【别名】 翠雀花、大花翠雀。

【科属】 毛茛科，翠雀花属。

【识别要点】 一、二年生草本，株高 35 ~ 60 cm。叶互生，呈掌状深裂至全裂，裂片线形。基生叶具长柄，上部叶无柄。顶生总状花序或穗状花序，花有蓝、红、白、粉、紫等色。花期 5—6 月。

【习性】 喜温。喜光，耐半阴。喜湿润，亦耐旱。

【繁殖】 播种繁殖。

【花语】 抑郁（蓝色）、倾慕柔顺（紫色）、诗意（粉红色）、淡雅（白色）。

【鉴赏】 布置花坛、花境，亦可盆栽。

095 月见草

【别名】 夜来香、山芝麻。

【科属】 柳叶菜科，月见草属。

月见草

【识别要点】　多年生草本。茎生叶互生，基生叶丛生呈莲座状，下部叶片线状倒披针形，上部叶短小，披针形至长圆形。花黄色，傍晚至夜间开放，有清香。花期 6—10 月。

【习性】　喜光。喜温，不耐寒。喜湿润，亦耐旱。不择土壤。

【繁殖】　播种。

【鉴赏】　布置花坛、花境，亦可盆栽。

096　蒲　苇

蒲　苇

【科属】　禾本科，蒲苇属。

【识别要点】 多年生草本，雌雄异株。茎丛生。叶聚生秆基，质硬，灰绿色，狭窄下垂，边缘具细齿。圆锥花序大，银白色至粉红色；雌花序较宽大，雄花序较狭窄。花期 9—10 月。

【习性】 喜温，耐寒。喜光。喜湿润。喜疏松、肥沃、排水良好的沙壤土。

【繁殖】 分株。

【鉴赏】 宜公园、路边、池畔、河边种植。

097 小丽花

【别名】 矮型多头大丽花、小丽菊。

【科属】 菊科，大丽花属。

【识别要点】 多年生块根类球根花卉。株高 20 ~ 60 cm。羽状复叶对生。头状花序，花有深红、紫红、黄、白等色，花期 6 月至霜降。

【习性】 喜凉爽干燥和阳光充足的环境。耐寒性稍差。不耐旱，忌水涝，忌重黏土，喜疏松、肥沃、排水透气性良好的沙质土壤。

【繁殖】 播种繁殖，亦可分根和扦插繁殖。

【鉴赏】 布置花境、花坛，亦可盆栽。

小丽花

098 仙客来

仙客来

【别名】 兔耳花、兔子花、一品冠。

【科属】 报春花科，仙客来属。

【识别要点】 多年生块茎类球根花卉。叶着生块茎顶部，心形，叶柄长，红褐色。花单生茎顶，下垂，形如兔耳；花有红、白、粉等色；花期 10 月至翌年 4 月。

【习性】 喜凉爽、湿润及阳光充足的环境。夏季高温休眠。要求疏松、肥沃、富含腐殖质，排水良好的微酸性沙壤土。

【繁殖】 播种繁殖。

【鉴赏】 宜盆栽，亦可林下种植。

099 彩色马蹄莲

【科属】 天南星科，马蹄莲属。

彩色马蹄莲

【识别要点】 多年生块茎类球根花卉。叶基生，亮绿色，部分品种具斑点。肉穗花序鲜黄色，佛焰苞马蹄形，有红、黄、紫、粉红等色。花期全年。

【习性】 喜温，不耐寒，不耐高温。喜湿润、怕旱。喜光，耐半阴。

【繁殖】 分株。

【花语】 圣洁虔诚（红）。

【鉴赏】 宜室内盆栽，亦作切花。

100　石　蒜

石　蒜

【别名】 蟑螂花、龙爪花、彼岸花。

【科属】 石蒜科，石蒜属。

【识别要点】 多年生鳞茎类球根花卉。叶丛生带形。花茎先叶抽出；伞形花序，着花 4 ~ 6 朵；花有红、黄、白等色，花期 9—10 月。

【习性】 喜阴、亦耐光。耐干旱，耐寒。喜疏松、肥沃、富含腐殖质的偏酸性土壤。

【繁殖】 分球，亦可播种、组织繁殖。

【鉴赏】 布置花境，亦可丛植。

101 朱顶红

【别名】 孤挺花、炮打四门。

【科属】 石蒜科，朱顶红属。

【识别要点】 多年生鳞茎类球根。叶带状，两侧对生。总花梗中空，花大，花有大红、淡红、白等色；花期春夏。

【习性】 喜温，忌酷热。喜湿，忌涝。喜富含腐殖质、排水良好的沙壤土。

【繁殖】 播种、分球，亦可组培。

【花语】 渴望被爱。

【鉴赏】 庭院种植，亦可盆栽。

朱顶红

102 葱 兰

葱 兰

【别名】 葱莲、玉帘、白花菖蒲莲。

【科属】 石蒜科，葱莲属。

【识别要点】 株高 30 ~ 40 cm。叶基生，肉质线形，暗绿色。花梗短，花茎中空，单花顶生，白色，花瓣长椭圆形至披针形。花期 7—11 月。蒴果近球形。

【习性】 喜温，亦耐寒。喜光，耐半阴。

【繁殖】 分球、播种。

【鉴赏】 布置花坛、花境，亦可丛植。

103 韭 兰

【别名】 韭莲、风雨花、红花葱兰。

【科属】 石蒜科，葱莲属。

【识别要点】 多年生鳞茎类球根花卉。茎短，叶基生，扁线形。花单生茎顶，喇叭状，粉红或玫瑰红，苞片红色，花期 6—9 月。

【习性】 喜温，较耐寒。喜光，耐半阴。喜湿润略带黏质、肥沃、排水良好的土壤。

韭　兰

【繁殖】　分球、播种。

【鉴赏】　布置花坛、花境，亦可盆栽。

104　花毛茛

花毛茛

【别名】　芹菜花、陆莲花、波斯毛茛。

【科属】　毛茛科，毛茛属。

【识别要点】　基生叶阔卵形，茎生叶羽状复叶；花单生或数朵顶生，花有白、黄、红、橙等色。花期 4—5 月。

【习性】　喜凉爽、半阴环境，忌炎热。怕湿怕旱，喜富含腐殖质、排水良好、疏松、肥沃的中性或偏碱性土壤。

【繁殖】　播种和分株繁殖。

【鉴赏】　布置花坛，亦可盆栽。

105 大花美人蕉

大花美人蕉

【别名】 美人蕉。

【科属】 美人蕉科，美人蕉属。

【识别要点】 叶大，互生，阔椭圆形。总状花序，花大，花径 10 cm；花有深红、橙红、黄、乳白等色。花期长，夏秋。

【习性】 喜高，不耐寒。喜光。强健，适应性强，生长旺盛，不择土壤，最宜湿润、肥沃的深厚土壤。

【繁殖】 以分生繁殖为主，亦可播种。

【鉴赏】 布置花坛、花境，亦可片植。

106 大岩桐

大岩桐

【别名】 落雪泥。

【科属】 苦苣苔科，大岩桐属。

【识别要点】 多年生块茎类球根花卉。株高 15 ~ 25 cm，全株密被白色绒毛。地上茎极短。叶大、对生、肥厚，卵圆形或长椭圆形。花顶生或腋生，花冠钟状，花有粉红、红、紫蓝、白、复色等色。花期春夏。

【习性】 喜温。喜半阴，忌阳光直射。喜湿，忌涝。喜疏松、肥沃、排水良好的微酸性土壤。

【繁殖】 播种、分球，亦可叶插。

【花语】 欲望。

【鉴赏】 布置花坛，亦可盆栽。

107 姜荷花

【科属】 姜科，姜黄属。

【识别要点】 多年生球根草本花卉。根茎纺锤形或圆球形，株高 30 ~ 80 cm。叶基生，长椭圆形，革质。穗状花序从卷筒状的心叶中抽出，上部包叶桃红色，阔卵形，下部为蜂窝状绿色苞片，内含白色小花。花期 6—10 月。

【习性】 喜温，不耐寒。喜光，耐半阴。喜湿润。喜土层深厚、排水良好的沙壤土。

【繁殖】 常采用分球繁殖。

【花语】 信赖、高洁清雅、寂静。

【鉴赏】 盆栽或切花。

姜荷花

108　金丝桃

金丝桃

【别名】 土连翘。

【科属】 藤黄科，金丝桃属。

【识别要点】 半常绿灌木。小枝纤细、多分枝。叶无柄、对生、长椭圆形。聚伞花序顶生，花金黄色。花期 6—7 月。

【习性】 喜温暖湿润、阳光充足的环境，略耐阴。对土壤要求不严，忌黏重土壤。喜土层深厚、排水良好、肥沃的砂质壤土。

【繁殖】 分株、扦插、播种繁殖。

【鉴赏】 布置花境，亦可林荫栽植。

109 玫 瑰

【科属】 蔷薇科，蔷薇属。

【识别要点】 落叶直立灌木，株高达 2 m。奇数羽状复叶，小叶 5 ~ 9，椭圆形，锯齿钝，叶面皱褶。花单生或集生，芳香；花期 5—8 月。

【习性】 喜光。喜湿润，亦耐旱。喜疏松、肥沃、排水良好的土壤。

【繁殖】 以扦插为主，亦可播种。

【花语】 纯洁的爱、美丽的爱情。

【鉴赏】 盆栽或建园、片植，亦作切花。

玫 瑰

110 木香花

木香花

【别名】 七里香、木香藤。

【科属】 蔷薇科，蔷薇属。

【识别要点】 常绿或半绿藤本。奇数羽状复叶，小叶 3 ~ 7 枚，椭圆状卵形。伞形花序，花冠单瓣或重瓣，白色、浓香，花期 3—4 月。

【习性】 喜光。喜温，较耐寒。怕涝。

【繁殖】 以扦插、压条为主，亦可嫁接。

【鉴赏】 垂直绿化，亦作花架、花篱。

111 垂丝海棠

【别名】 海棠、海棠花、垂枝海棠。

【科属】 蔷薇科，苹果属。

【识别要点】 落叶小乔木，高可达 8 m。树皮灰褐色、光滑。叶互生，椭圆形。花 5 ~ 7 朵簇生，伞总状花序，先红后粉。花期 4—5 月。

【习性】 喜温暖湿润、阳光充足、背风的环境，不耐阴，不耐寒。不择土壤，忌积水，喜疏松、肥沃、排水良好的微酸性或微碱性土壤。

垂丝海棠

【繁殖】 分株、扦插和压条繁殖。

【鉴赏】 孤植、丛植，亦可制作盆景。

112　贴梗海棠

贴梗海棠

【别名】 皱皮木瓜、铁脚海棠、铁杆海棠。

【科属】 蔷薇科，木瓜属。

【识别要点】 落叶灌木。叶卵形至椭圆形。花簇生老枝，先叶开或花叶同放，花有红、粉、白等色；花梗粗短，花期 2—4 月。

【习性】 喜光，耐寒。不择土壤，耐瘠薄，不耐水淹，喜肥沃、深厚、排水良好的土壤。

【繁殖】 分株、扦插和压条，亦可播种。

【鉴赏】 布置花境，亦可制作花篱。

113 重瓣棣棠

重瓣棣棠

【科属】 蔷薇科，棣棠属。

【识别要点】 落叶灌木，株高 1 ~ 2 m。小枝绿色，圆柱形，无毛。叶卵形或三角状卵形，先端渐尖，边缘有锯齿或浅裂，表面鲜绿色，光滑。花金黄色，单生侧枝顶端，花期 4—6 月。

【习性】 喜光、耐半阴。喜湿润。对土壤要求不严，喜疏松、肥沃、排水良好的土壤。

【繁殖】 以扦插为主，亦可高压。

【花语】 高贵。

【鉴赏】 制作花篱，亦可丛植。

114 樱 花

樱 花

【别名】 仙樱花、福岛樱、青肤樱。

【科属】 蔷薇科，李属。

【识别要点】 落叶乔木，树皮紫褐色。花叶互生，椭圆形。伞状花序，小花数朵，花瓣先端有缺刻，白色、红色。花期早春。

【习性】 喜温，亦耐寒。喜光。耐旱、不耐盐碱，忌积水，喜深厚、肥沃的砂质土壤。

【繁殖】 播种、扦插和嫁接繁育。

【鉴赏】 群植，孤植，亦作行道树。

115 碧 桃

碧 桃

【别名】 千叶桃花。

【科属】 蔷薇科，李属。

【识别要点】 落叶乔木。叶片披针形，先端渐尖，叶边具锯齿。花单生，先花后叶，花梗极短；花有红色、粉红色。花期 3—4 月。

【习性】 喜光。耐寒。耐旱、怕水涝。

【繁殖】 嫁接。

【花语】 消恨。

【鉴赏】 宜庭园墙角、池畔栽植，亦可制作盆景。

116　紫叶李

紫叶李

【别名】　红叶李。

【科属】　蔷薇科，李属。

【识别要点】　落叶灌木或小乔木，高可达 8 m。枝条细长，开展，暗灰色，小枝暗红色，无毛。叶片椭圆形、卵形或倒卵形，先端急尖，基部楔形或近圆形，边缘有圆钝锯齿。花单生，花瓣白色，花梗短。花期 3—4 月。

【习性】　喜光、稍耐阴。喜温，亦耐寒。对土壤要求不严，喜疏松、肥沃、排水良好的土壤。

【繁殖】　嫁接、扦插、压条。

【鉴赏】　宜孤植、丛植。

117　榆叶梅

榆叶梅

【别名】　榆梅、小桃红。

【科属】 蔷薇科，梅属。

【识别要点】 落叶灌木或小乔木。主干树皮剥裂，枝细小光滑，红褐色。单叶互生，椭圆形。花单生，梗短，初开深红色，渐变为粉红色，最后变为粉白色。花期 3—4 月。

【习性】 喜光、耐寒。对土壤要求不严，耐旱、怕水涝，喜疏松、肥沃的砂质壤土。

【繁殖】 以嫁接为主，亦可压条、播种。

【鉴赏】 宜庭园墙角、池畔栽植。

118 紫玉兰

【别名】 辛夷、木兰、望春。

【科属】 木兰科，木兰属。

【识别要点】 落叶灌木。叶椭倒卵形。花单生枝顶，紫色或紫红色，先花后叶。花期 2 ~ 4 月。

【习性】 喜温，较耐寒。喜光。不耐旱、不耐盐碱，喜湿润、排水良好的沙壤土，忌黏重土壤。

【繁殖】 常用分株、压条、播种繁殖。

【鉴赏】 建玉兰园，亦可丛植或孤植。

紫玉兰

119 白兰花

白兰花

【别名】 白兰、黄果兰、黄角兰。

【科属】 木兰科，含笑属。

【识别要点】 乔木，高达 17 ~ 20 m。树皮灰白，幼枝常绿。单叶互生，长椭圆形，革质。花白色腋生，似毛笔头，浓香。花期 6—10 月。

【习性】 喜温、不耐寒，忌高温。喜光、不耐阴，忌强光。忌积水，喜微酸性的土壤。

【繁殖】 嫁接、压条、扦插、播种繁殖。

【花语】 纯洁的爱、真挚。

【鉴赏】 盆栽、丛植或孤植。

120 鹅掌楸

【别名】 马褂木。

【科属】 木兰科，鹅掌楸属。

鹅掌楸

【识别要点】 乔木，高达 40 m。小枝灰色或灰褐色。叶形似马褂。花杯状。花期 5 月，聚合果，果期 9—10 月。

【习性】 喜温、稍耐寒。喜光。喜湿润，忌积水。喜疏松、肥沃、排水良好的微酸性土壤。

【繁殖】 播种、扦插繁殖。

【鉴赏】 行道树、园林绿化。

121　龙牙花

【别名】 龙芽花、珊瑚刺桐、关刀花。

【科属】 豆科，刺桐属。

【识别要点】 落叶小乔木。3 出复叶互生，小叶有柄无刺，卵状菱形。总状花序腋生，花冠蝶形，红色。荚果。花期 3—10 月。

龙牙花

【习性】 喜光，稍耐阴。喜湿润。喜温，不耐寒。喜疏松、肥沃的沙壤土。

【繁殖】 扦插。

【花语】 荣耀。

【鉴赏】 园林绿化或盆栽。

122 紫 荆

紫 荆

【科属】 豆科，紫荆属。

【识别要点】 丛生或单生落叶灌木，株高 2 ~ 5 m。树皮和小枝灰白色。叶纸质，近圆形或三角状圆形，先端急尖，基部浅至深心形。花 2 ~ 10 余朵簇生老枝和主干，通常先花后叶，紫红色或粉红色，花期 3—4 月。荚果扁狭长形。

【习性】 喜光，稍耐阴。耐寒。喜湿润，忌涝。喜疏松、肥沃、排水良好的土壤。萌蘖性强，耐修剪。

【繁殖】 以播种为主，亦可分株、压条。

【鉴赏】 宜公园、庭院种植。

123　紫　藤

紫　藤

【别名】　朱藤、招藤、藤萝。

【科属】　豆科，紫藤属。

【识别要点】　落叶藤本，干皮深灰色。奇数羽状复叶互生，小叶 7 ~ 13 枚，对生，椭圆形。总状花序侧生，下垂，紫色。花期 4—5 月。

【习性】　喜光、喜温暖湿润环境，不耐寒，较耐阴。对土壤要求不严，耐碱、耐水湿，喜土层深厚、排水良好、向阳避风的土壤。

【繁殖】　扦插、压条和分根。

【鉴赏】　制作园林棚架，亦作盆景。

124　常春油麻藤

常春油麻藤

【别名】　常绿油麻藤、牛马藤、大血藤。

【科属】　豆科，黧豆属。

【识别要点】　常绿藤本。羽状复叶具 3 小叶，小叶（卵状）椭圆形或长圆形，先端渐尖。总状花序着生老茎，深紫色。花期 4—5 月。

【习性】　喜光、较耐阴。喜温，不耐寒。喜湿润。喜疏松、排水良好的土壤。

【繁殖】　播种、扦插、压条。

【鉴赏】　制作园林棚架、亦可垂直绿化。

125　双荚决明

双荚决明

【别名】　双荚槐、金叶黄槐。

【科属】　豆科，决明属。

【识别要点】　落叶小灌木。分枝多，无毛。羽状复叶，小叶倒卵形或倒卵状长圆形，顶端圆钝，基部渐狭，偏斜。总状花序，花期 10—11 月。

【习性】　喜光。喜温，亦耐寒。喜湿润，耐旱。耐瘠薄，抗性强。

【繁殖】　以播种为主，亦可扦插。

【鉴赏】　宜丛植、片植，亦可盆栽。

126 木 槿

木 槿

【别名】 白槿花、大碗花、鸡肉花。

【科属】 锦葵科，木槿属。

【识别要点】 落叶灌木或小乔木。叶三角形或菱状卵形。花大，单生叶腋，单瓣或重瓣，有白、粉红、紫红等色；花期6—9月。

【习性】 喜温，耐寒。喜光，耐半阴。耐瘠薄，耐干旱，忌涝，喜中性至微酸性的土壤。

【繁殖】 播种、扦插和嫁接繁殖。

【鉴赏】 孤植、列植、丛植。

127 金铃花

金铃花

【别名】 纹瓣悬铃花。

【科属】　锦葵科，苘麻属。

【识别要点】　常绿灌木，株高 2 ~ 3 m。单叶互生，卵形，缘具粗齿，具长柄，掌状五裂，绿色。单花腋生，钟形，橙红色，具红色纹脉。花期 5—10 月。

【习性】　喜光，稍耐阴。喜温暖湿润气候，不耐寒；耐瘠薄，喜肥沃、湿润、排水良好的微酸性土壤。耐修剪。

【繁殖】　扦插、压条繁殖。

【鉴赏】　丛植或绿篱，亦可盆栽。

128　观赏苘麻

【别名】　大风铃花。

【科属】　锦葵科，苘麻属。

【识别要点】　常绿灌木。叶互生，先端渐尖，基部弯缺。花腋生，钟形，单瓣或重瓣，花冠有浅粉、桃红、白等色。花期 5—10 月。

【习性】　喜温，不耐寒。喜光，耐半阴。喜湿润，不耐旱。喜排水良好的沙壤土。

【繁殖】　扦插、压条。

【鉴赏】　布置花坛、花境，亦可盆栽。

观赏苘麻

129　扶桑花

扶桑花

【别名】　朱槿、大红花、赤槿、佛桑。

【科属】　锦葵科，木槿属。

【识别要点】　常绿或落叶灌木。茎直立，多分枝。叶互生，阔卵形至狭卵形，先端突尖或渐尖，叶缘有粗锯齿。花腋生，单瓣或重瓣；花有红、黄、粉、白、复色等色，花期全年。

【习性】　喜温，不耐寒。喜光，不耐阴。喜湿润。抗逆性强。

【繁殖】　扦插和嫁接繁殖。

【花语】　新鲜的恋情、微妙的美。

【鉴赏】　宜地栽作花篱，亦可温室盆栽。

130　米　兰

【别名】　米仔兰、碎米兰。

米 兰

【科属】 楝科，米仔兰属。

【识别要点】 常绿灌木或小乔木。叶互生，奇数羽状复叶，小叶 3 ~ 5 枚，革质，倒卵形或长圆状倒卵形，亮绿色。圆锥花序顶生或腋生，花小，黄色，极香。花期 6—10 月。浆果红色。

【习性】 喜光，稍耐阴。喜温，不耐寒。喜湿润。喜疏松、肥沃的微酸性土壤。

【繁殖】 播种、扦插、压条繁殖。

【花语】 有爱生命就会开花。

【鉴赏】 盆栽或园林绿化。

131 红花曼陀罗

红花曼陀罗

【别名】 红打破碗花。

【科属】 茄科，曼陀罗属。

【识别要点】　多年生木本。单叶互生，宽卵形，具长柄。花单生叶腋，两性，花冠喇叭状；花粉红色。花期夏秋。

【习性】　喜温暖湿润。喜光。对土壤要求不严，怕涝，喜富含腐殖质和石灰质的土壤。

【繁殖】　播种繁殖。

【鉴赏】　宜道边、河岸、山坡栽植。

132　大花曼陀罗

【别名】　木本曼陀罗。

【科属】　茄科，曼陀罗属。

【识别要点】　常绿半灌木。茎粗、叶大，卵状心形，全缘、微波状或有不规则缺刻状齿。花单生，下垂，花冠长漏斗状；花白色，芳香。花期 6—10 月。

【习性】　喜温暖湿润。喜光。对土壤要求不严，怕涝。

【繁殖】　扦插或播种。

【鉴赏】　宜道边、河岸、山坡栽植。

大花曼陀罗

133　洋金凤

洋金凤

【别名】　金凤花、黄蝴蝶、黄金凤。

【科属】　苏木科，云实属。

【识别要点】　常绿灌木或小乔木。2 回羽状复叶，小叶长椭圆形略偏斜，先端圆，基部圆形。总状花序顶生或腋生。花瓣圆形具柄，黄色或橙红色，边缘呈波状皱折，有明显爪。花期全年。

【习性】　喜温，耐热，不耐寒。喜湿润。喜光，稍耐阴。喜富含腐殖质、排水良好的微酸性土壤。

【繁殖】　播种、扦插。

【鉴赏】　宜作行道树或庭园风景树。

134　紫雪茄花

【别名】　紫萼距花。

【科属】　千屈菜科，萼距花属。

【识别要点】　多年生常绿小灌木，株高 30 ~ 60 cm。叶对生，线披针形，细小。花腋生，紫红或桃红色。花期全年。

紫雪茄花

【习性】 喜光。喜温，不耐寒。喜湿润。喜疏松、肥沃、排水良好的土壤。

【繁殖】 扦插。

【花语】 思念、浪漫、喜悦。

【鉴赏】 布置花境或地被，亦可盆栽。

135 八仙花

八仙花

【别名】 绣球、草绣球、紫绣球。

【科属】 虎耳草科，八仙花属。

【识别要点】 灌木。枝圆柱形、粗壮、无毛。叶倒卵形或阔椭圆形。聚伞花序近球形，直径 8 ~ 20 cm，花粉红色。花期 6—8 月。

【习性】 喜温。喜半阴。喜湿润，不耐旱，忌水涝，喜疏松、肥沃、排水良好的砂质壤土。土壤呈酸性，花呈蓝色；土壤呈碱性，花呈红色。

【繁殖】 分株、压条、扦插和组培繁殖。

【鉴赏】 宜片植，亦可盆栽。

136　宝莲灯

宝莲灯

【别名】　粉苞酸脚杆。

【科属】　野牡丹科，酸脚杆属。

【识别要点】　常绿小灌木，株高 30 ~ 60 cm。单叶对生，卵形至椭圆形，全缘无柄，穗状花序下垂，花外苞片为粉红色，花冠钟形。浆果。花期 4—5 月。

【习性】　喜光。喜温，不耐寒。喜湿润。喜疏松、肥沃、排水良好的微酸性土壤。

【繁殖】　高空压条。

【花语】　华丽、神秘。

【鉴赏】　宜室内盆栽。

137　马樱花

马樱花

【别名】　马樱杜鹃、马缨花。

【科属】　杜鹃花科，杜鹃花属。

【识别要点】　常绿灌木至乔木；树皮粗厚，呈灰棕色，叶革质，长圆状披针形，背面密被灰白色至淡褐色海绵状薄绒毛。花簇生于枝顶，总状花序，深玫瑰红色；花期 2—5 月。

【习性】　喜温。喜光，略耐阴。喜土层深厚、排水良好、肥沃的砂质壤土。抗污染。

【繁殖】　播种繁殖。

【鉴赏】　行道树。

138　凌　霄

凌　霄

【别名】　紫葳、五爪龙。

【科属】　紫葳科，紫葳属。

【识别要点】　多年生藤本。奇数羽状复叶对生，小叶卵状披针形。圆锥状花序顶生，花萼钟状；花冠漏斗状，橘红色；花期 7—9 月。

【习性】　喜温，不耐寒。喜光，略耐阴。对土壤要求不严，耐碱、耐干旱、较耐水湿。

【繁殖】　扦插、压条和分根。

【鉴赏】　制作花篱、棚架。

139　紫芸藤

紫芸藤

【别名】　非洲凌霄。

【科属】　紫葳科，非洲凌霄属。

【识别要点】　常绿半蔓性灌木。奇数羽状复叶，对生，小叶长卵状，先端尖，叶缘具锯齿。花顶生，花冠钟形，花色粉红色至淡紫色。花期秋至春季。蒴果，种子卵形。

【习性】　喜温，不耐寒。喜光。喜湿润，较耐旱。喜疏松、排水良好的沙质壤土。

【繁殖】　扦插。

【鉴赏】　宜垂直绿化或盆栽。

140　炮仗花

炮仗花

【别名】　黄鳝藤、鞭炮花。

【科属】　紫葳科，炮仗藤属。

【识别要点】　常绿木质攀缘藤本，具线状卷须。复叶对生，小叶卵状至卵状矩圆形，先端渐尖。圆锥花序顶生，下垂，花冠管状至漏斗状，橙红色，反卷。花期1—6月。

【习性】　喜温，不耐寒。喜光。喜湿润，亦耐旱。对土壤要求不严。

【繁殖】　扦插、压条。

【鉴赏】　制作园林棚架，亦可垂直绿化。

141　夹竹桃

【别名】　柳叶桃、半年红。

【科属】　夹竹桃科，夹竹桃属。

【识别要点】　常绿灌木或小乔木。茎直立。叶披针形，革质，3～4 枚轮生。聚伞花序顶生，花有红、白、黄等色。花期6—10月。

【习性】　喜温，不耐寒。喜光。忌积水，稍耐干旱，对土壤要求不严。萌发力强，耐修剪。

【繁殖】　以扦插为主，亦可分株、压条繁殖。

【鉴赏】　宜作花篱、工矿区绿化。

夹竹桃

142　鸡蛋花

鸡蛋花

【别名】　蛋黄花、缅栀子、大季花。

【科属】　夹竹桃科，鸡蛋花属。

【识别要点】　落叶灌木或小乔木。茎直立。叶互生，披针形，簇生枝顶，全缘。聚伞花序顶生，花冠筒状，花瓣外白内黄，浓香。花期5—10月。

【习性】　喜光。喜温，不耐寒。喜湿润。对土壤要求不严，喜疏松、肥沃、排水良好的土壤。

【繁殖】　扦插繁殖。

【花语】　孕育希望、复活、新生。

【鉴赏】　宜孤植、列植，亦可盆栽。

143　红鸡蛋花

【别名】　红缅栀。

【科属】　夹竹桃科，鸡蛋花属。

红鸡蛋花

【识别要点】 小乔木。枝条粗壮，无毛，富含乳汁。叶长圆状倒披针形，顶端急尖，基部狭楔形。聚伞花序顶生，花冠筒圆筒形，花冠深红色，花冠裂片狭倒卵圆形或椭圆形。花期3—9月。

【习性】 喜光。喜温，不耐寒。喜湿润，亦耐旱。喜疏松、肥沃、排水良好的土壤。

【繁殖】 扦插繁殖。

【花语】 孕育希望、复活、新生。

【鉴赏】 宜孤植、列植，亦可盆栽。

144 倒挂金钟

倒挂金钟

【别名】 吊钟海棠、灯笼海棠、吊钟花。

【科属】 柳叶菜科，倒挂金钟属。

【识别要点】 常绿丛生亚灌木或灌木。茎近光滑，紫红色。叶对生或3叶轮生，卵状披针形。花单生叶腋，红色。花期4—7月。

【习性】 喜夏季凉爽半阴，冬季阳光充足的环境。怕高温，不耐寒。喜疏松、肥沃、富含腐殖质、排水良好的微酸性沙质壤土，忌酷暑及雨淋日晒。

【繁殖】 以扦插繁殖。

【鉴赏】 布置花坛、花境，亦可盆栽。

145 茉莉花

茉莉花

【别名】 茉莉、茉莉花。

【科属】 木樨科，素馨属。

【识别要点】 常绿灌木至藤木。单叶对生，全缘，椭圆形。聚伞状花序顶生或腋生，花萼杯形，裂片线形，花冠白色，单瓣或重瓣，芳香。浆果。花期6—10月。

【习性】 喜光，耐半阴。喜温。喜湿润。喜富含腐殖质的微酸性土壤。

【繁殖】 扦插、压条。

【鉴赏】 布置花坛，亦可盆栽。

146　连　翘

连　翘

【别名】　绶丹、黄寿丹。

【科属】　木樨科，连翘属。

【识别要点】　落叶灌木。单叶或3小叶，对生，卵形或椭圆状卵形，先端锐尖，基部圆形。花先叶开放，一至数朵，金黄色。花期4—5月。

【习性】　喜光。喜温，亦耐寒。喜湿润，亦耐旱。对土壤要求不严。

【繁殖】　扦插、高空压条。

【花语】　预料。

【鉴赏】　孤植、对植、丛植，亦可制作花篱。

147　云南黄素馨

云南黄素馨

【别名】　野迎春、南迎春。

【科属】　木犀科，素馨属。

【识别要点】　常绿蔓性灌木。叶对生，3出复叶或小枝基部具单叶，革质，小叶长卵形或长卵状披针形，先端钝或圆。花常腋生，花冠黄色，漏斗状，单瓣或重瓣。花期11月至翌年8月。

【习性】　喜光。喜温，稍耐寒。喜湿润，亦耐旱。喜肥沃、排水良好的酸性沙壤土。

【繁殖】　扦插、分株、压条。

【鉴赏】　宜园林绿化或盆栽。

148　红花檵木

红花檵木

【别名】　红檵花。

【科属】　金缕梅科，檵木属。

【识别要点】　常绿灌木或小乔木。嫩枝淡红色。叶互生，革质，卵形，全缘。花顶生，4～8朵簇生，淡紫红色，带状线形。花期4—5月。

【习性】　喜温、亦耐寒。喜光，稍耐阴。耐旱。耐瘠薄，喜肥沃、湿润的微酸性土壤。

【繁殖】　嫁接、扦插繁殖。

【花语】　发财、幸福、相伴一生。

【鉴赏】　布置花坛，亦可制作盆景、花篱。

149　六月雪

六月雪

【别名】　碎叶冬青、白马骨、素馨、悉茗。

【科属】　茜草科，白马骨属。

【识别要点】　常绿或半常绿丛生低矮小灌木。叶对生或呈簇生小枝，长椭圆形或长椭圆披针状，全缘。花多白色，单生或簇生。花期6—7月。

【习性】　喜温，不耐寒。喜半阴。喜湿润。喜疏松、肥沃、排水良好的土壤。

【繁殖】　扦插。

【花语】　甘做配角的爱、带来好运。

【鉴赏】　制作盆景，亦可丛植或制作花篱。

150　繁星花

繁星花

【别名】　五星花。

【科属】　茜草科，五星花属。

【识别要点】　直立亚灌木，全株被毛。叶对生，卵形、椭圆形或卵状披针形，先端渐尖。聚伞花序生于枝顶，每个花序着花约 20 朵。花有粉红、桃红、白、红等色，花期 3—10 月。

【习性】　喜温，不耐寒。喜光。喜湿润、亦耐旱。对土壤要求不严。

【繁殖】　扦插。

【鉴赏】　布置花坛、花境，亦可盆栽。

151　龙船花

【别名】　英丹、仙丹花、水绣球。

【科属】　茜草科，龙船花属。

【识别要点】　常绿小灌木。叶对生，革质，椭圆形或倒卵形，先端急尖。聚伞花序顶生，花冠高脚碟状，红色，花期全年。浆果。

【习性】　喜温，不耐寒。喜光。喜湿润、亦耐旱。喜富含腐殖质、疏松、肥沃的酸性土壤。

【繁殖】　扦插、高压。

【花语】　争先恐后。

【鉴赏】　布置花坛、花境，亦可盆栽。

龙船花

152　海　桐

海　桐

【别名】　海桐花、山矾。

【科属】　海桐科，海桐属。

【识别要点】　常绿灌木或小乔木。单叶互生或枝顶聚生，倒卵形或倒卵状披针形，先端圆形或钝，基部楔形，全缘，边缘反卷，厚革质。聚伞花序顶生，花白色，极香。花期 3—5 月。

【习性】　喜光，耐半阴。喜温，较耐寒。喜湿润，亦耐旱。

【繁殖】　扦插、播种繁殖。

【鉴赏】　宜公园孤植、丛植，亦可盆栽。

153　冬　红

【别名】　帽子花。

【科属】 马鞭草科，冬红属。

【识别要点】 常绿灌木，株高 3 ~ 10 m，叶对生，全缘或有齿缺，卵形，两面有腺点，基部圆形或近平截。聚伞花序着生上部叶腋，花冠管状，橙红色，自花萼中伸出。核果。花期春夏。

【习性】 喜温，不耐寒。喜光。喜湿润。喜肥沃、排水良好的土壤。

【繁殖】 扦插。

【鉴赏】 宜公园、池畔栽植，亦可盆栽。

冬 红

154 蓝雪花

蓝雪花

【别名】 蓝花丹、蓝茉莉。

【科属】 白花丹科，白花丹属。

【识别要点】 常绿小灌木，株高 1 ~ 2 m。单叶互生，叶薄，全缘，短圆形或矩圆状匙形。穗状花序顶生或腋生，花冠淡蓝色，高脚碟状。花期 6—9 月。

【习性】 喜光，耐半阴。喜温，不耐寒。喜湿润。喜富含腐殖质、排水良好的沙质壤土。

【繁殖】 扦插。

【鉴赏】 布置花坛、花境，亦可盆栽。

155 金边瑞香

【别名】 瑞兰、睡香。

【科属】 瑞香科，瑞香属。

【识别要点】 多年生常绿小灌木。单叶互生，纸质，长圆状形或倒卵状椭圆形，先端钝尖，基部。头状花序顶生，着花数朵至 12 朵，花被筒状，花紫红色，极香。花期 2—5 月。

【习性】 喜温。喜光，略耐阴。喜湿润。喜疏松、肥沃，排水良好的沙壤土。

【繁殖】 扦插、播种、压条。

【鉴赏】 宜盆栽。

金边瑞香

156　虾衣花

虾衣花

【别名】　虾夷花、虾衣草、麒麟吐珠。

【科属】　爵床科，麒麟吐珠属。

【识别要点】　常绿亚灌木，高 1 ~ 2 m。全株具毛，茎圆形，细弱。叶卵形，全缘。穗状花序顶生，下垂，红、黄等色。花白色。常年开花。

【习性】　喜温。喜湿润。喜光，较耐阴，忌暴晒。喜富含腐殖质的沙质壤土。

【繁殖】　扦插、播种。亦可压条。

【鉴赏】　布置花坛，亦可盆栽。

157　凤尾兰

凤尾兰

【别名】　菠萝花、厚叶丝兰、凤尾丝兰。

【科属】　龙舌兰科，丝兰属。

【识别要点】　常绿灌木。叶茎部簇生，线状披针形，硬革质，稍具白粉；叶剑形，顶端尖硬。圆锥花序，花自下而上开放，乳白色，下垂，花期 5—6 月或 8—9 月。

【习性】　喜温，亦耐寒。喜光，亦耐阴。强健，耐旱、喜湿耐湿、耐瘠薄，抗污染。

【繁殖】　播种、分株、扦插繁殖。

【花语】　盛开的希望。

【鉴赏】　布置花坛，亦作盆栽或切花。

158　虎刺梅

虎刺梅

【别名】　铁海棠、麒麟刺、龙骨花。

【科属】　大戟科，大戟属。

【识别要点】　常绿亚灌木。茎粗厚，肉质，刺尖硬。叶无柄，倒卵形，全缘。花小，2 ~ 4 枚着生顶枝，花苞片鲜红色或橘红色。全年开花。

【习性】　喜温、不耐寒。喜光。耐旱。

【繁殖】　扦插繁殖。

【鉴赏】　宜作刺篱，亦可盆栽。

159 王 莲

王 莲

【科属】 睡莲科，王莲属。

【识别要点】 大型多年生浮水花卉。叶径随叶龄的增加而增大，叶大圆形，叶缘向上反卷，直径约 100～250 cm。花单生，初开白色，翌日红色。花期 7—9 月。

【习性】 典型热带花卉，喜光，喜高温高湿，耐寒力极差。

【繁殖】 常采用播种、分株繁殖。

【鉴赏】 布置水景。

160 旱伞草

旱伞草

【别名】 水竹。

【科属】 莎草科，莎草属。

【识别要点】 多年生挺水花卉。茎干粗壮直立，近圆柱形，丛生。叶状苞片呈伞状螺旋状排列茎顶。聚伞花序着生叶腋。

【习性】 喜高温高湿，对污水的适应能力强。对水位要求严格，适宜的水位深度为 3～5 cm。生长快，喜肥沃水域或土壤。

【繁殖】 常播种、分株，亦可叶插。

【鉴赏】 布置水景，亦可治污。

161 再力花

再力花

【别名】 水竹芋、水莲蕉。

【科属】 竹芋科，水竹芋属。

【识别要点】 多年生水生草本花卉，常绿，株高 1～2 m。叶灰绿色，长卵形或披针形，全缘，叶柄极长，近叶基部暗红色。穗状圆锥花序，小花多数，花紫红色。花期夏秋。

【习性】 喜光。喜高温，不耐寒。耐水湿。喜微碱性的土壤。

【繁殖】 分株。

【鉴赏】 布置水景，亦可盆栽观赏。

162　萍蓬草

萍蓬草

【别名】　黄金莲、萍蓬莲

【科属】　睡莲科萍蓬草属

【识别要点】　多年生水生草本。叶二型，浮水叶圆形至卵形；沉水叶薄而柔软。花单生花梗顶端，花茎伸出水面，萼片黄色，花瓣状。

【习性】　喜光。喜温，不耐寒。喜湿。对土壤要求不严，喜肥沃略带黏性的土壤。

【繁殖】　播种、分株。

【鉴赏】　布置水景，亦作盆栽。

163　梭鱼草

梭鱼草

【别名】　海寿花。

【科属】　雨久花科，梭鱼草属。

【识别要点】　多年生挺水花卉。基生叶广卵圆状心脏形，顶端急尖或渐尖，基部心形，全缘。总状花序顶生，蓝色。花期 7—10 月。

【习性】　喜光，耐半阴。喜温。喜湿。

【繁殖】　分株。

【鉴赏】　布置水景，亦可盆栽。

164　散尾葵

散尾葵

【别名】　黄椰子、紫葵。

【科属】　棕榈科，散尾葵属。

【识别要点】　常绿丛生灌木或小乔木。茎干光滑，黄绿色，无毛刺，环纹状叶痕明显。羽状复叶全裂，叶面光滑细长，长 40 ~ 150 cm，叶柄稍弯曲，先端渐尖，柔软。

【习性】　喜温，不耐寒。喜半阴。喜湿润。喜疏松、肥沃、排水良好的土壤。

【繁殖】　播种、分株。

【鉴赏】　宜室内盆栽，亦可制作切叶。

165　紫叶小檗

【别名】　红叶小檗。

【科属】　小檗科，小檗属。

【识别要点】　落叶灌木，枝丛生，幼枝紫红色或暗红色，老枝灰棕色或紫褐色。叶小全缘，菱形或倒卵形，紫红到鲜红。花期4月。

【习性】　喜阳，耐半阴。耐寒，忌炎热高温。耐旱，不耐水涝。耐修剪。

【繁殖】　播种、扦插、分株繁殖。

【鉴赏】　布置花坛、花境。

紫叶小檗

166　南天竹

南天竹

【别名】　南天竺、天竹、红杷子、红枸子。

【科属】　小檗科，南天竹属。

【识别要点】　常绿小灌木。茎丛生，少分枝。3回羽状复叶互生，小叶椭圆形或椭圆状披针形，正面深绿色，秋冬季变红色。圆锥花序直立，花小，白色。浆果球形，果熟期5—11月。

【习性】　喜光，耐半阴。喜温，耐寒。耐旱，耐湿。耐修剪。喜湿润、肥沃的沙壤土。

【繁殖】　播种、扦插、分株。

【鉴赏】　布置花坛、花境，亦可制作盆景。

167　石　楠

【别名】　猪林子、水红树、山官木。

【科属】　蔷薇科，石楠属。

【识别要点】　常绿灌木或小乔木，高3～6 m。叶片革质，长椭圆形、长倒卵形或倒卵状椭圆形，先端尾尖，基部圆形或宽楔形，边缘有疏生，近基部全缘，叶柄粗壮。

【习性】　喜光稍耐阴。喜温，亦耐寒。喜肥沃、湿润、微酸性的沙质壤土。萌芽力强，耐修剪。

【繁殖】　播种、扦插。

【鉴赏】　宜孤植、丛植、群植。

石　楠

168　红叶石楠

红叶石楠

【科属】　蔷薇科，石楠属。

【识别要点】　常绿灌木或小乔木，高 4 ~ 6 m。叶片革质，长椭圆形至倒卵状椭圆形，上部新叶色随季节变化，秋冬春三季为红色。著名彩叶植物。

【习性】　喜光，亦耐阴。喜温，亦耐寒。喜湿润，耐干旱瘠薄，不耐水湿。萌芽力强，耐修剪。

【繁殖】　扦插、组培。

【鉴赏】　宜作绿篱或造型，亦可园林绿化。

169　火　棘

火　棘

【别名】　火把果、救军粮。

【科属】　蔷薇科，火棘属。

【识别要点】　常绿灌木或小乔木。单叶互生，倒卵形或倒卵状长圆形，先端钝圆，基部楔形，边缘有钝锯齿。复伞房花序，花白色，果实近球形，红色。花期 4—5 月，果期 9—11 月。

【习性】　喜光。喜温，亦耐寒。喜湿润，亦耐旱。喜肥沃、排水良好、酸碱适度的土壤。

【繁殖】　播种、扦插或压条。

【鉴赏】　孤植、丛植，亦可制作绿篱、盆景。

170　彩叶草

彩叶草

【别名】　锦紫苏、老来少。

【科属】　唇形科，锦紫苏属。

【识别要点】　多年生常绿草本。株高 15 ~ 50 cm，茎四棱，分枝少。叶对生，叶有黄、红、紫、橙、绿等色，各色斑纹。

【习性】　喜温，较耐寒，喜光。喜疏松、肥沃、排水良好的土壤，忌干旱。

【繁殖】　主要采用播种、扦插繁殖。

【花语】　绝望的恋情。

【鉴赏】　布置花坛、花境，亦可盆栽。

171 银叶菊

银叶菊

【别名】 雪叶菊。

【科属】 菊科，千里光属。

【识别要点】 多年生草本，分枝多，株高 50～80 cm。叶质薄，匙形或 1～2 回羽状分裂，正反面均被银白色柔毛，酷似雪花。头状花序单生茎顶，花小，黄色，花期 6—9 月。

【习性】 喜凉爽，忌酷暑。喜湿润。喜光。喜富含有机质、疏松、肥沃的土壤。

【繁殖】 播种、扦插繁殖。

【鉴赏】 布置花坛，宜作地被。

172 紫御谷

紫御谷

【别名】 观赏谷子。

【科属】 禾本科，狼尾草属。

【识别要点】 一年生草本，株高可达 3 m。叶片宽条形，基部近心形，叶暗绿色并带紫色。圆锥花序紧密呈柱状，主轴硬直，密被绒毛，小穗倒卵形，每小穗有 2 小花，第一花雄性，第二花两性。颖果倒卵形。花期夏季。

【习性】 喜温，不耐寒。喜光。喜湿润。喜疏松、肥沃的土壤。

【繁殖】 播种繁殖。

【鉴赏】 宜公园、路边、池畔片植。

173 斑叶芦竹

【别名】 花叶芦竹、彩叶芦竹。

【科属】 禾本科，芦竹属。

【识别要点】 多年生草本。秆粗大直立，具多数节。叶片长而扁平。圆锥花序极大，分枝稠密，斜升。花果期 9—12 月。

【习性】 喜温，较耐寒。喜光。喜湿润，耐湿。喜疏松、肥沃的土壤。

【繁殖】 播种、扦插、分株。

【鉴赏】 宜路边、池畔片植。

斑叶芦竹

174　金心黄杨

金心黄杨

【别名】 小叶黄杨。

【科属】 卫矛科，卫矛属。

【识别要点】 常绿灌木。植株低矮，枝条密集，节间短。叶薄革质，阔椭圆形或阔卵形，叶中脉附近有金黄色条纹，有时叶柄及枝端叶也为金黄色。蒴果卵状球形。

【习性】 喜温，稍耐寒。喜光。喜湿润。喜肥沃、排水良好的土壤。

【繁殖】 播种、扦插。

【鉴赏】 宜丛植，亦可盆栽。

175　红叶朱蕉

【别名】 朱竹、红叶铁树。

红叶朱蕉

【科属】 百合科，朱蕉属

【识别要点】 常绿灌木。主茎直立，茎高 1 ~ 3 m，不分枝或少分枝。叶聚生茎顶，披针状椭圆形至长圆形，顶端渐尖，基部渐狭，绿色或紫红色。叶柄长，基部阔而抱茎。圆锥花序腋生，花淡红色至青紫色，间有淡黄色。

【习性】 喜光，亦耐阴。喜温，不耐寒。喜湿润。喜富含腐殖质、排水良好的酸性土壤。

【繁殖】 扦插、播种。

【花语】 青春永驻、清新悦目。

【鉴赏】 宜盆栽，亦可布置花坛、花境。

176 洒金桃叶珊瑚

洒金桃叶珊瑚

【别名】 洒金东瀛珊瑚。

【科属】 山茱萸科，桃叶珊瑚属。

【识别要点】 常绿灌木。叶对生，椭圆状卵圆形至长椭圆形，散生（淡）黄色斑点。

【习性】 喜温，不耐寒。极耐阴，忌阳光暴晒。喜湿润、排水良好、肥沃的土壤。

【繁殖】 扦插、播种。

【鉴赏】 宜盆栽，亦可布置花坛、花境。

177 紫鸭跖草

紫鸭跖草

【别名】 紫竹梅、紫锦草。

【科属】 鸭跖草科，鸭跖草属。

【识别要点】 一年生草本。茎多分枝，紫红色，下部匍匐状，上部近于直立。叶互生，披针形，先端渐尖，全缘。花期夏秋。

【习性】 喜温、不耐寒。喜半阴，忌暴晒。喜湿润，耐干旱。喜肥沃、湿润的土壤。

【繁殖】 扦插。

【花语】 怜爱、忧伤。

【鉴赏】 布置花坛、花境，亦可盆栽。

178　八角金盘

八角金盘

【别名】　八金盘、八手、手树。

【科属】　五加科，八角金盘属。

【识别要点】　常绿灌木或小乔木。叶柄长，叶片大，革质，掌状 7 ~ 9 深裂，裂片长椭圆状卵形。圆锥花序顶生，白色，花期 10—11 月。

【习性】　喜阴。喜温，稍耐寒。喜湿润。喜疏松、肥沃、排水良好的砂质壤土。

【繁殖】　扦插、播种、分株。

【花语】　八方来财、聚四方才气、更上一层。

【鉴赏】　布置花坛、花境，亦可盆栽。

179　冷水花

冷水花

【别名】　透明草、铝叶草、白雪草。

【科属】　荨麻科，冷水花属。

【识别要点】　多年生草本。茎肉质，纤细，半透明，节部膨大。叶纸质，狭卵形、卵状披针形或卵形，先端渐尖，基部圆形。叶绿色，有光泽，3 条主脉间分布铝白色至银白色斑纹。

【习性】　喜温，不耐寒。耐阴。喜湿润。喜疏松、肥沃、排水良好的沙壤土。

【繁殖】　扦插。

【鉴赏】　盆栽。

附录一　中华人民共和国农业行业标准（部分）

一、月季切花

1　范围

本标准规定了月季（Rosa hybrida）切花产品质量分级、检验规则、包装、标志、运输和贮藏技术要求。

本标准可作为月季切花生产、批发、运输、贮藏、销售等各个环节的质量把关基准和产品交易基准。

2　定义

本标准采用下列定义。

2.1　切花　通常是指包括花朵在内的植物体的一部分，用于插花或制作花束、花篮、花圈等花卉装饰。

2.2　整体感　花朵、茎秆和叶片的整体感观，包括是否完整、均匀及新鲜程度。

2.3　花形　包括花型特征和花朵形状两层含义。

2.4　蓝变　红色花瓣在衰老时常显现不同程度的蓝色。

2.5　药害　由于施用药物对花朵、叶片和茎秆造成的污染或伤害。

2.6　机械损害　由于粗放操作或由于贮运中的挤压、振动等造成的物理伤害（含花朵掉头）。

2.7　采切期　将切花从母体上采切下来的日期。

2.8　保鲜剂　用于调节开花和衰老进程，减少流通损耗，延长瓶插寿命的化学药剂。

2.9　去刺和去叶　用人工或机械手段去掉切花茎秆基部不需要的刺和叶片。

2.10　催花处理　蕾期采收的切花，在出售前创造适宜的环境条件，或结合药剂处理，加速开花的技术措施。

3　质量分级

月季切花产品质量分级标准见附表 1。

4　检验规则

4.1　检验规则

4.1.1　同一产地、同一批量、同一品种、相同等级的产品作为一检查批次。

4.1.2　按一个检查批次随机抽样，所检样品量为一个包装单位（如箱）。

4.1.3　单枝花的等级判定：按照附表 1 中分级标准内容，在完全符合某级所有条件下，才能说明达到该级标准。

4.1.4　整个批次的等级判定：

一级花，必须是所检样品的 95% 以上符合本标准一级花的要求。

二级花，必须是所检样品的 90% 以上符合本标准二级花的要求。

三级花，必须是所检样品的 85% 以上符合本标准三级花的要求。

四级花，必须是所检样品的 80% 以上符合本标准四级花的要求。

附表 1　月季切花产品质量分级标准

评价项目		等级			
		一级	二级	三级	四级
1	整体感	整体感、新鲜程度极好	整体感、新鲜程度好	整体感、新鲜程度好	整体感、新鲜程度一般
2	花形	完整优美，花朵饱满，外层花瓣整齐，无损伤	花形完整，花朵饱满，外层花瓣整齐，无损伤	花形完整，花朵饱满，有轻微损伤	花瓣有轻微损伤
3	花色	花色鲜艳，无焦边、变色	花色好，无褪色失水，无焦边	花色良好，不失水，略有焦边	花色良好，略有褪色，有焦边
4	花枝	① 枝条均匀、挺直；② 花茎长度 65 cm 以上，无弯颈；③ 质量 40 g 以上	① 枝条均匀、挺直；② 花茎长度 55 cm 以上，无弯颈；③ 质量 30 g 以上	① 枝条均匀、挺直；② 花茎长度 50 cm 以上，无弯颈；③ 质量 25 g 以上	① 枝条均匀、挺直；② 花茎长度 40 cm 以上，无弯颈；③ 质量 20 g 以上
5	叶	① 叶片大小均匀，分布均匀；② 叶色鲜绿有光泽，无褪绿叶片；③ 叶面清洁，平整	① 叶片大小均匀，分布均匀；② 叶色鲜绿，无褪绿叶片；③ 叶面清洁，平整	① 叶片分布较均匀；② 无褪绿叶片；③ 叶面较清洁，稍有污点	① 叶片分布不均匀；② 叶片有轻微褪色；③ 叶面有少量残留物
6	病虫害	无购入国家或地区检疫的病虫害	无购入国家或地区检疫的病虫害，无明显病虫害斑点	无购入国家或地区检疫的病虫害，有轻微病虫害斑点	无购入国家或地区检疫的病虫害，有轻微病虫害斑点
7	损伤	无药害、冷害、机械损伤	基本无药害、冷害、机械损伤	有极轻度药害、冷害、机械损伤	有轻度药害、冷害、机械损伤
8	采切标准	适用开花指数 1～3	适用开花指数 1～3	适用开花指数 2～4	适用开花指数 3～4
9	采后处理	① 立即入水保鲜剂处理；② 依品种 12 枝捆绑成扎，每扎中花枝长度最长与最短的差别不可超过 3 cm；③ 切口以上 15 cm 去叶、去刺	① 保鲜剂处理；② 依品种 20 枝捆绑成扎，每扎中花枝长度最长与最短的差别不可超过 3 cm；③ 切口以上 15 cm 去叶、去刺	① 依品种 20 枝捆绑成扎，每扎中花枝长度最长与最短的差别不可超过 5 cm；② 切口以上 15 cm 去叶、去刺	① 依品种 30 枝捆绑成扎，每扎中花枝长度的差别不可超过 10 cm；② 切口以上 15 cm 去叶、去刺

注：开花指数：① 花萼略有松散，适合于远距离运输和贮藏；② 花瓣伸出萼片，可以兼作远距离和近距离运输；③ 外层花瓣开始松散，适合于近距离运输和就近批发出售；④ 内层花瓣开始松散，必须就近很快出售。

4.2　检验方法

4.2.1　切花品种：根据品种特征图谱进行鉴定。

4.2.2　整体感：根据分级标准进行目测评定。

4.2.3　花形：根据品种特征和分级标准进行目测评定。

4.2.4　花枝：包括长度、重量和挺直程度。其中长度包括花朵和茎秆，用尺测量，单位 cm；重量用秤称量；挺直程度目测评定。

4.2.5　弯颈和蓝变：目测评定。

4.2.6　药害：目测评定。

4.2.7　检疫性病虫害：检查花、枝、叶上是否有销往地区或国家规定的危险性病虫害的病状，进一步检查其是否带有该病原菌的生体或虫卵。必要时可作培养检查。

4.2.8　冷害：通过花瓣和叶片的颜色来目测判断；也可通过瓶插观察花朵能否正常开放来确定。

4.2.9　机械损伤：目测评定。

4.2.10　采切标准：目测评定。

4.2.11　保鲜剂：通过化学方法检测是否使用了保鲜剂和保鲜剂的主要成分。

5　包装、标志、贮藏和运输

5.1　包装　各层切花反向叠放箱中，花朵朝外，离箱边 5 cm；小箱为 10 扎或 20 扎，大箱为 40 扎；装箱时，中间需捆绑固定；纸箱两侧需打孔，孔口距离箱口 8 cm；纸箱宽度为 30 cm 或 40 cm。

5.2　标志　必须注明切花种类、品种名、花色、级别、花茎长度、装箱容量、生产单位、采切时间。

5.3　贮藏条件　需要贮藏两周以上时，最好干藏在保湿容器中，温度保持在 – 0.5 ~ 0 °C，相对湿度要求 85% ~ 95%。可选用 0.04 ~ 0.06 mm 的聚乙烯薄膜包装，贮藏结束后，要求采用花期控制处理。

5.4　运输条件　温度要求在 2 ~ 8 °C，空气相对湿度保持在 85% ~ 95%。近距离运输可以采用湿运（即将切花的茎基用湿棉球包扎或直接浸入盛有水或保鲜液的桶内）；远距离运输可以采用薄膜保湿包装。

二、菊花切花

1　范　围

本标准规定了大花单朵标准菊［Dendranthema × Grandiflorum（ = Chrysanthemum morifolium）］产品质量分级、检验规则、包装、标志、运输和贮藏技术要求。

本标准可作为大花单朵标准菊生产、批发、运输、贮藏、销售等各个环节的质量把关基准和产品交易基准。

2　定　义

本标准采用下列定义。

2.1　切花　通常是指包括花朵在内的植物体的一部分，用于插花或制作花束、花篮、花圈等花卉装饰。

2.2　品种　同一植物种内具有稳定遗传特点和商品价值的植物群体。

切花菊品种有两大类群，其一为大花单朵类型，也称“标准菊”；另一为小花多朵类型。本标准适用于标准菊品种系列。

2.3　整体感　花朵、茎秆和叶片的整体感观，包括是否完整、均匀及新鲜程度。对标准菊花枝的要求是叶片大小适中，按叶序上下均衡排列，叶片平展斜上生长，花颈不宜过长或过短，茎部挺拔直立、无弯曲，花头要向上；要完整均匀、新鲜挺拔。

2.4　花形　包括花型特征和花朵形状两层含义。

2.5　花颈　自茎顶端叶片到花朵基部的茎段。菊花花颈不宜过长或过短，通常要求在 5cm 左右为宜。

2.6　药害　由于施用药物对花朵、叶片和茎秆造成的污染或伤害。

2.7　机械损伤　由于粗放操作或由于贮运中的挤压、振动等造成的物理伤害。

2.8　保鲜剂　　用于调节开花和衰老进程，减少流通损耗，延长瓶插寿命的化学药剂。

3　质量分级

标准菊产品质量分级标准见附表 2。

附表 2　标准菊产品质量分级标准

评价项目		等级			
		一级	二级	三级	四级
1	整体感	整体感、新鲜程度极好	整体感、新鲜程度好	整体感一般，新鲜程度好	整体感、新鲜程度一般
2	花形	① 花形完整优美，花朵饱满，外层花瓣整齐；② 最小花直径 14 cm	① 花形完整，花朵饱满，外层花瓣整齐；② 最小花直径 12 cm	① 花形完整，花朵饱满，外层花瓣有轻微损伤；② 最小花直径 10 cm	花形完整，花朵饱满，外层花瓣有轻微损伤
3	花色	鲜艳，纯正，带有光泽	鲜艳，纯正	鲜艳，不失水，略有焦边	花色稍差，略有褪色，有焦边
4	花枝	① 坚硬、挺直，花颈长 5 cm 以内，花头端正；② 长度 85 cm 以上	① 坚硬、挺直，花颈 6 cm 以内，花头端正；② 长度 75 cm 以上	① 挺直；② 长度 65 cm 以上	① 挺直；② 长度 60 cm 以上
5	叶	① 厚实，分布匀称；② 叶色鲜绿有光泽	① 厚实，分布匀称；② 叶色鲜绿	① 叶长厚实，分布稍欠匀称；② 叶色绿	① 叶片分布欠匀称；② 叶片稍有褪色
6	病虫害	无购入国家或地检疫的病虫害	无购入国家或地区检疫的病虫害，有轻微病虫害症状	无购入国家或地区检疫的病虫害，有轻微病虫害症状	无购入国家或地区检疫的病虫害，有轻微病虫害症状
7	损伤	无药害、冷害及机械损伤等	基本无药害、冷害及机械损伤等	有轻微药害、冷害及机械损伤等	有轻微药害、冷害及机械损伤等
8	采切标准	适用开花指数 1～3	适用开花指数 1～3	适用开花指数 2～4	适用开花指数 3～4
9	采后处理	① 冷藏，保鲜剂处理；② 依品种每 12 枝捆成一扎，每扎中花茎长度最长与最短的差别不可超过 3 cm；③ 切口以上 10 cm 去叶	① 冷藏，保鲜剂处理；② 依品种每 12 枝捆成一扎，每扎中花茎长度最长与最短的差别不可超过 5 cm；③ 切口以上 10 cm 去叶	① 依品种每 12 枝捆成一扎，每扎中花茎长度最长与最短的差别不可超过 10 cm；② 切口以上 10 cm 去叶	① 依品种每 12 枝捆成一扎，每扎基部切齐；② 切口以上 10 cm 去叶

备注：开花指数：①舌状花紧抱，其中有 1～2 个外层花瓣开始伸出，适合于远距离和近距离运输；②舌状花外层开始松散，可以兼作远距离和近距离运输；③舌状花最外两层都已开展，适合于就近批发出售；④舌状花大部开展，必须就近很快出售。

4　检验规则

4.1　检验规则

4.1.1　同一产地、同一批量、同一品种、相同等级的产品作为一检查批次。

4.1.2　按一个检查批次随机抽样，所检样品量为一个包装单位（如箱）。

4.1.3　单枝花的等级判定：按照附表 2 中分级标准内容，在完全符合某级所有条件下，才能说明达到该级标准。

4.1.4　整个批次的等级判定：

一级花，必须是所检样品的 95% 以上符合本标准一级花的要求。

二级花，必须是所检样品的 90% 以上符合本标准二级花的要求。

三级花，必须是所检样品的 85% 以上符合本标准三级花的要求。

四级花，必须是所检样品的 80% 以上符合本标准四级花的要求。

4.2　检验方法

4.2.1　切花品种：根据品种特征图谱进行鉴定。

4.2.2　整体感：根据分级标准进行目测评定。

4.2.3　花形和花色：根据品种特征和分级标准进行目测评定。

4.2.4　花枝：包括长度、重量和挺直程度。花枝长度自剪口到花朵顶部，用尺测量，单位 cm；挺直程度目测评定。

4.2.5　药害：目测评定。

4.2.6　检疫性病虫害：检查花、枝、叶上是否有销往地区或国家规定的危险性病虫害的病状，进一步检查其是否带有该病原菌的生体或虫卵。必要时可作培养检查。

4.2.7　冷害：通过花瓣和叶片的颜色来目测判断；也可通过瓶插观察花朵能否正常开放来确定。

4.2.8　机械伤害：目测评定。

4.2.9　采切标准：目测评定。

4.2.10　保鲜剂：通过化学方法检测是否使用了保鲜剂和保鲜剂的主要成分。

5　包装、标志、贮藏和运输

5.1　包装　各层切花反向叠放箱中，花朵朝外，离箱边 5 cm；小箱为 10 扎，大箱为 30 扎，短途运输特大箱为 45 扎；装箱时，中间需捆绑固定；纸箱两侧需打孔，孔口距离箱口 8 cm；纸箱宽度为 30 cm 或 40 cm。

5.2　标志　必须注明切花种类、品种名、花色、级别、花茎长度、装箱容量、生产单位、采切时间。

5.3 贮藏条件　作长期贮藏，最好采用干藏方式，温度保持在 $-0.5 \sim 0$ °C，空气相对湿度要求 90% ~ 95%。可选用 0.04 ~ 0.06 mm 的聚乙烯薄膜包装，贮藏结束后，要求采用催花处理。

5.4　运输条件　温度要求在 2 ~ 4 °C，不得高于 8 °C；空气相对湿度保持在 85% ~ 95%。一般采用干运（即将切花的茎基部不给予任何给水措施）。

三、香石竹切花

1　范　围

本标准规定了大花香石竹（Dianthus caryophyllus）系列品种切花的产品质量分级、检验规则、包装、标志、运输和贮藏技术要求。

本标准可作为切花香石竹单头系列生产、批发、运输、贮藏、销售等各个环节的质量把关基准和产品交易基准。

2　定　义

本标准采用下列定义。

2.1　切花　通常是指包括花朵在内的植物体的一部分，用于插花或制作花束、花篮、花圈等花卉装饰。

2.2　品种　同一植物种内具有稳定遗传特点和商品价值的植物群体。

切花香石竹品种可以分为两类群，一是“大花香石竹”，花朵大，每一主茎顶端开一朵花；二是“散枝香石竹”，也称“多花香石竹”，花朵较小，每一主枝上有若干分枝，分枝上着生花朵。

2.3　整体感　花朵、茎秆和叶片的整体感观，包括是否完整、均衡及新鲜程度。

2.4　花形　包括花型特征和花朵形状两层含义。

2.5　药害　由于施用药物对花朵、叶片和茎秆造成的污染或伤害。

2.6　机械损伤　由于粗放操作或由于贮运中的挤压、振动等造成的物理伤害。

2.7　采切期　将切花从母体上采切下来的日期。

2.8　保鲜剂　用于调节开花和衰老进程，减少流通损耗，延长瓶插寿命的化学药剂。

2.9　去叶　用人工或机械手段去掉切花茎秆基部不需要的叶片。

2.10　催花处理　蕾期采收的切花，在出售前创造适宜的环境条件，或结合药剂处理，加速开花的技术措施。

3　质量分级

大花香石竹切花产品质量分级标准见附表 3。

附表 3　大花香石竹切花产品质量分级标准

评价项目		等级			
		一级	二级	三级	四级
1	整体感	整体感、新鲜程度极好	整体感、新鲜程度好	整体感、新鲜程度好	整体感、新鲜程度一般
2	花形	① 花形完整优美，外层花瓣整齐；② 最小花直径：紧实 5.0 cm；较紧实 6.2 cm；开放 7.5 cm	① 花形完整，外层花瓣整齐；② 最小花直径：紧实 4.4 cm；较紧实 5.6 cm；开放 6.9 cm	① 花形完整；② 最小花直径：紧实 4.4 cm；较紧实 5.6 cm；开放 6.9 cm	花形完整
3	花色	花色纯正带有光泽	花色纯正带有光泽	花色纯正	花色稍差
4	花枝	① 坚硬、圆满通直；手持茎基平置，花朵下垂角度小于 20°；② 粗细均匀、平整；③ 花茎长度 65 cm 以上；④ 质量 25 g 以上	① 坚硬、挺直；手持茎基平置，花朵下垂角度小于 20°；② 粗细均匀、平整；③ 花茎长度 55 cm 以上；④ 质量 20 g 以上	① 较挺直；手持茎基平置，花朵下垂角度小于 20°；② 粗细欠均匀；③ 花茎长度 50 cm 以上；④ 质量 15 g 以上	① 较挺直；手持茎基平置，花朵下垂角度小于 20°；② 节肥大；③ 花茎长度 40 cm 以上；④ 质量 12 g 以上
5	叶	① 排列整齐，分布均匀；② 叶色纯正；③ 叶面清洁，无干尖	① 排列整齐，分布均匀；② 叶色纯正；③ 叶面清洁，无干尖	① 排列较整齐；② 叶色纯正；③ 叶面清洁，稍有干尖	① 排列稍差；② 稍有干尖
6	病虫害	无购入国家或地区检疫的病虫害	无购入国家或地区检疫的病虫害，无明显病虫害症状	无购入国家或地区检疫的病虫害，有轻微病虫害症状	无购入国家或地区检疫病虫害，有轻微病虫害症状
7	损伤	无药害、冷害及机械损伤	几乎无药害、冷害及机械损伤	有轻微药害、冷害及机械损伤等	有轻微药害、冷害及机械损伤等
8	采切标准	适用开花指数 1～3	适用开花指数 1～3	适用开花指数 2～4	适用开花指数 3～4
9	采后处理	① 立即入水保鲜剂处理；② 依品种每 10 枝捆成一扎，每扎中花茎长度最长与最短的差别不可超过 3 cm；③ 切口以上 10 cm 去叶；④ 每扎需套袋或纸张包扎保护	① 保鲜剂处理；② 依品种每 10 枝或 20 枝捆成一扎，每扎中花茎长度最长与最短的差别不可超过 5 cm；③ 切口以上 10 cm 去叶；④ 每扎需套袋或纸张包扎保护	① 依品种每 30 枝捆成一扎，每扎中花茎长度最长与最短的差别不可超过 10 cm；② 切口以上 10 cm 去叶	① 依品种每 30 枝捆成一扎，每扎中花茎长度最长与最短的差别不可超过 10 cm；② 切口以上 10 cm 去叶

备注：开花指数：① 花瓣伸出花萼不足 1 cm，呈直立状，适合于远距离运输；② 花瓣伸出花萼 1 cm 以上，且略有松散，可以兼作远距离和近距离运输；③ 花瓣松散，小于水平线，适合于就近批发出售；④ 花瓣全面松散，接近水平，宜尽快出售。

4　检验规则

4.1　检验规则

4.1.1　同一产地、同一批量、同一品种、相同等级的产品作为一检测批次。

4.1.2　按一个检测批次随机抽样，所检样品量为一个包装单位（如箱）。

4.1.3　单枝花的等级判定：按照附表 3 中分级标准内容，在完全符合某级所有条件下，才能说明达到该级标准。

4.1.4　整个批次的等级判定：

一级花，必须是所检样品的 95% 以上符合本标准一级花的要求；

二级花，必须是所检样品的 90% 以上符合本标准二级花的要求；

三级花，必须是所检样品的 85% 以上符合本标准三级花的要求；

四级花，必须是所检样品的 80% 以上符合本标准四级花的要求。

4.2　检验方法

4.2.1　切花品种：根据品种特征图谱进行鉴定。

4.2.2　整体感：根据花茎叶的完整与均衡情况进行目测评定。

4.2.3　花形：根据品种特征和分级标准进行目测评定。

4.2.4　花枝：包括长度、粗度和挺直程度。其中长度包括花头和茎秆，用尺和卡尺测量，单位 cm；挺直程度目测评定；软硬程度通过手持茎秆基部使茎秆与地面平行，观测花茎下垂角度来确定。

4.2.5　药害和污染：目测评定。

4.2.6　检疫性病虫害：检查花、枝和叶上是否有销往地区或国家规定的危险性病虫害的病状，并进一步检查其是否带有该病原菌或虫体和虫卵，必要时可作培养检查。

4.2.7　冷害：通过花瓣和叶片的颜色来判断；也可通过瓶插观察花朵能否正常开放来确定。

4.2.8　机械损伤：包括压伤、折断、扭曲、掉头等伤害，通过目测评定。

4.2.9　采切标准：目测评定。

4.2.10　保鲜剂：通过化学方法检测来确定保鲜剂的主要成分。

5　包装、标志、贮藏和运输

5.1　包装　各层切花反向叠放箱中，花朵朝外，离箱边 5 cm；小箱为 10 扎或 20 扎，大箱为 40 扎；装箱时，中间需以绳索捆绑固定；封箱需用胶带或绳索捆绑；纸箱两侧需打孔，孔口距离箱口 8 cm；纸箱宽度为 30 cm 或 40 cm。

5.2　标志　必须注明切花种类、品种名、花色、级别、花茎长度、装箱容量、生产单位、采切时间。

5.3　贮藏条件　作长期贮藏，最好采用干藏方式。温度保持在 −0.5 ~ 0 °C，相对湿度要求 90% ~ 95%。宜选用 0.04 ~ 0.06 mm 的聚乙烯薄膜作保湿包装。贮藏结束后，要求采用催花处理。

5.4　运输条件　温度宜在 2 ~ 4 °C，不得高于 8 °C；空气相对湿度保持在 85% ~ 95%。一般采用干运（即将切花的茎基部不给予任何给水措施）。

四、唐菖蒲切花

1　范　围

本标准规定了唐菖蒲（Gladiolus hybridus）切花商品质量分级、检验规则、包装、运输和贮藏技术要求。

本标准可作为唐菖蒲切花生产、批发、运输、贮藏、销售等各个环节的质量把关基准和商品交易基准。

2　定　义

本标准采用下列定义。

2.1　切花　通常是指包括花朵在内的植物体的一部分，用于插花或制作花束、花篮、花圈等花卉装饰。

2.2　整体感　花朵、茎秆和叶片的整体感观，包括是否完整、均匀及新鲜程度。

唐菖蒲花茎一般不分枝，叶剑形，在花茎基部呈两列抱茎互生，有花 12 ~ 24 朵，通常排列成两行，侧向一边，少数品种四向着花。小花自下而上先后开放。

2.3　花形　包括花型特征和花朵形状两层含义。

2.4　苞片　指唐菖蒲花序上的每朵幼年小花外的绿色包被，花朵开放前花瓣伸出苞片，显现花色，随后伸长并开放。

2.5　药害　由于施用药物对花朵、叶片和茎秆造成的污染或伤害。例如空气中氟害使叶边叶尖产生褐斑。

2.6　机械损伤　由于粗放操作或由于贮运中的挤压、振动等造成的物理伤害。

2.7　采收期　将切花从母体上采切下来的日期。

2.8　保鲜剂　用于调节开花和衰老进程，减少流通损耗，延长瓶插寿命的化学药剂。

3　质量分级

唐菖蒲切花产品质量分级标准见附表 4。

4　检验规则

4.1　检验规则

4.1.1　同一产地、同一批量、同一品种，相同等级的商品作为一检测批次。

4.1.2　按一个检测批次随机抽样，所检样品量为一个包装单位（如箱）。

4.1.3　单枝花的等级判定：按照附表 4 中分级标准内容，在完全符合某级所有条件下，才能说明达到该级标准。

4.1.4　整个批次的等级判定：

一级花，必须是所检样品的 95% 以上符合本标准一级花的要求；

二级花，必须是所检样品的 90% 以上符合本标准二级花的要求；

三级花，必须是所检样品的 85% 以上符合本标准三级花的要求；

四级花，必须是所检样品的 80% 以上符合本标准四级花的要求。

4.2　检验方法

4.2.1　切花品种：根据品种特征图谱进行鉴定。

附表 4　唐菖蒲切花产品质量分级标准

评价项目		等级			
		一级	二级	三级	四级
1	整体感	整体感、新鲜程度极好	整体感、新鲜程度好	整体感一般、新鲜程度好	整体感、新鲜程度一般
2	小花数	小花 20 朵以上	小花 16 朵以上	小花 14 朵以上	小花 12 朵以上
3	花形	① 花形完整优美；② 基部第一朵花径 12 cm 以上	① 花形完整；② 基部第一朵花径 10 cm 以上	① 略有损伤；② 基部第一朵花径 8 cm 以上	① 略有损伤；② 基部第一朵花径 6 cm 以上
4	花色	鲜艳、纯正，带有光泽	鲜艳，无褪色	一般，轻微褪色	一般，轻微褪色
5	花枝	① 粗壮、挺直，匀称；② 长度 130 cm 以上	① 粗壮、挺直，匀称；② 长度 100 cm 以上	① 挺直，略有弯曲；② 长度 85 cm 以上	① 略有弯曲；② 长度 70 cm 以上
6	叶	叶厚实鲜绿有光泽，无干尖	叶色鲜绿，无干尖	有轻微褪绿或干尖	有轻微褪绿或干尖
7	病虫害	无购入国家或地区检疫的病虫害	无购入国家或地区检疫的病虫害，有轻微病虫害斑点	无购入国家或地区检疫的病虫害，有轻微病虫害斑点	无购入国家或地区检疫的病虫害，有轻微病虫害斑点
8	损伤	无药害、冷害及机械损伤等	几乎无药害、冷害及机械损伤等	有轻微药害、冷害及机械损伤等	有轻微药害、冷害及机械损伤等
9	采切标准	适用开花指数 1～3	适用开花指数 1～3	适用开花指数 2～4	适用开花指数 3～4
10	采后处理	① 立即入水保鲜剂处理；② 依品种每 10 枝、20 枝捆成一扎，每扎中花梗长度最长与最短的差别不可超过 3 cm；③ 每 10 扎、5 扎为一捆	① 保鲜剂处理；② 依品种每 10 枝、20 枝捆成一扎，每扎中花梗长度最长与最短的差别不可超过 5 cm；③ 每 10 扎、5 扎为一捆	① 依品种每 10 枝、20 枝捆成一扎，每扎中花梗长度最长与最短的差别不可超过 10 cm；② 每 10 扎、5 扎为一捆	① 依品种每 10 枝、20 枝捆成一扎，每扎基部切齐；② 每 10 扎、5 扎为一捆

备注：开花指数：① 花序最下部 1～2 朵小花都显色而花瓣仍然紧卷时，适合于远距离运输；② 花序最下部 1～5 朵小花都显色，小花花瓣未开放，可以兼作远距离和近距离运输；③ 花序最下部 1～5 朵小花都显色，其中基部小花略呈展开状态，适合于就近批发出售；④ 花序最下部 7 朵以上小花露出包片并显色，其中基部小花已经开放，必须就近很快出售。

4.2.2　整体感：根据叶片、小花朵在花梗上的排列状况、整体平衡等进行目测评定。

4.2.3　花枝：包括长度、粗度和挺直程度。其中长度和粗度用尺和卡尺测量，单位 cm；挺直程度目测评定。

4.2.4　药害：目测评定。

4.2.5　冷害：通过花瓣和叶片的颜色目测判断；也可通过瓶插观察花朵能否正常开放来确定。

4.2.6　机械损伤：目测评定。

4.2.7　采切标准：目测评定。

4.2.8　保鲜剂：通过化学方法检测来确定保鲜剂的主要成分。

5　包装、标志、贮藏和运输

5.1　包装　各层切花反向叠放箱中，花朵朝外，离箱边 5 cm；小箱为 10 扎，大箱为 15 扎；装箱时，中间需捆绑固定；纸箱两侧需打孔，孔口距离箱口 8 cm；纸箱宽度为 30 cm 或 40 cm。

5.2　标志　必须注明切花种类、品种名、花色、级别、花梗长度、装箱容量、生产单位、采切时间。

5.3　贮藏条件　最好采用干藏方式。温度保持在 7～10 °C，相对湿度要求 90%～95%。贮藏结束后，要求采用花期控制处理。

5.4　运输条件　对于多数品种，温度要求在 8～10 °C；空气相对湿度保持在 85%～95%。一般采用干运（即将切花的茎基不给予任何给水措施）。无论是贮藏或是运输中，花茎必须直立放置，避免花穗向上弯曲。

附录二　花卉园艺工国家职业标准

第一部分　花卉园艺工技术等级标准（试行）

一、职业定义

从事花圃、园林的土壤耕整和改良；花房、温室修装和管理；花卉（包括草坪）育种、育苗、栽培管理、收获贮藏、采后处理等。

二、适用范围

公园、苗圃、花卉场、育种中心、园艺公司。

三、技术等级线

初、中、高。

初级花卉园艺工

一、知识要求

1. 了解种植花卉、草坪的意义及花卉园艺工的工作内容。
2. 认识常见花卉种类120种，了解它们的形态构造特征。
3. 熟悉培植花卉、草及苗木的常用工具、机具、器械。
4. 了解土壤的种类、性能，掌握培养土的配制。
5. 懂得常见花卉和草坪的繁殖和栽培管理的方法。
6. 了解肥料的种类和作用，并掌握施用的方法。
7. 了解常见花卉病虫害的种类及其防治方法。
8. 了解常见花卉对水分、温度、光照等的要求。

二、技能要求

1. 独立地进行露地花卉、盆栽花卉、温室花卉的一般生产操作及管理工作。
2. 掌握常见花卉的播种（包括土壤与种子消毒、催芽等）、扦插（包括插穗的采选、剪切分级和处理等）、嫁接移植（换床）及贮藏等操作技术。
3. 熟练使用常用花卉工具及其保养。
4. 进行花卉培养土的制作。
5. 在中、高级工指导下进行合理施肥，并正确使用农药防治本地区花卉上常见的病虫害。
6. 会进行花卉和草坪的水分、温度、光照的管理。

中级花卉园艺工

一、知识要求

1. 识别花卉种类 250 种以上。

2. 掌握主要花卉的植物学特性及其生活条件。

3. 懂得花卉繁殖方法的理论知识并懂得防止品种退化、改良花卉品种及人工育种的一般理论和方法。

4. 掌握建立中、小型花圃的知识和盆景制作的原理及插花的基本理论。

5. 掌握土壤肥料学的理论知识，掌握土壤的性质和花卉对土壤的要求，进一步改良土壤并熟悉无土培养的原理和应用方法。

6. 懂得花卉病虫害综合防治的理论知识。

7. 不断地了解、熟悉国内外使用先进工具、机具的原理；了解国内外花卉工作的新技术、新动态。

8. 掌握主要进出口花卉的培育方法，了解国家动植物检疫的一般常识。

二、技能要求

1. 解决花卉培植上的技术问题，能定向培育花卉。

2. 能根据花卉生长发育阶段，采取有效措施，达到提前和推迟花期的目的。

3. 因地制宜开展花卉良种繁育试验及物候观察，并分析试验情况，提出改进技术措施。

4. 能熟悉地进行花卉的修剪、整形和造型操作的艺术加工。

5. 对花卉的病虫害能主动地采取综合的防治措施，并达到理想效果。

6. 掌握无土培养的技能。

7. 应用国内外先进的花卉生产技术，使用先进的生产工具和机具进行花卉培植。

8. 收集整理和总结花卉良种繁殖、育苗、养护等经验。

9. 能对中级工进行技术指导。

第二部分　花卉园艺工鉴定规范

初级花卉园艺工鉴定规范

一、适用对象

在切花、盆花生产基地和园林、城市园林、公园、自然保护区、园艺场、盆景园、企事业单位、花圃、花木公司、花店、花卉良种繁殖基地等从事花卉栽培、花卉经营（包括种子经营）、花卉育苗、良种繁育等生产、科研辅助人员。

二、申报条件

1. 文化程度：初中毕业。
2. 见习期满者。
3. 身体状况：健康。

三、考生与考评员比例

1. 理论知识考评：20∶1。
2. 实际操作考评：10∶1。

四、鉴定方式

1. 理论知识：笔试，90分钟，满分为100分，60分及格。
2. 操作技能：按实际需要确定，不超过4小时，满分为100分，60分及格。

五、鉴定场地和设备

按考核要求确定。

鉴定内容包括知识要求（附表5）和技能要求（附表6）。

附表5　初级花卉园艺工知识要求

项　目	鉴定范围	鉴定内容	鉴定比重	备　注
知识要求			100	
基本知识	1. 植物及植物生理	植物的形态； 植物的温度、光照反应； 植物的生育与生育时期； 植物对营养的吸收与利用	8	
	2. 土壤与肥料	土壤组成、分类及结构； 土壤肥力因素； 土壤pH的测定及调节； 肥料的性质和使用的基本知识	8	
	3. 植物保护	病虫害基本知识； 当地常见花卉植物的主要病虫害； 病虫害防治的基本方法； 常用农药的剂型及使用方法	6	
	4. 气象	本地区气候基本特征； 二十四节气和物候	3	
专业知识	1. 花圃、园林土壤的耕翻、整理	土壤耕翻、作畦技术； 培养土的成分及配制	10	
	2. 花卉的分类与识别	花卉的分类方法； 当地常见的120种花卉植物	12	

续表

项　目	鉴定范围	鉴定内容	鉴定比重	备　注
专业知识	3. 花卉的繁育方法	花卉的有性繁殖——种子繁殖； 花卉的无性繁殖——扦插、压条、分株等； 促进插穗生根的方法	12	
	4. 花卉的栽培方法	常见盆栽花卉的栽培方法； 常见切花的栽培方法； 草坪及地被植物的栽培方法	15	
	5. 花卉产品处理及应用	切花的采收及采后处理； 花卉产品的应用常识	8	
	6. 园艺设施的选型及利用	主要园艺设施在花卉栽培中的应用； 园艺常规生产设施的使用与维护； 设施内温度、湿度、光照等因子的控制	8	
相关知识	1. 园艺材料	薄膜种类及特点； 遮阴网的规格及使用	6	
	2. 园艺花卉概论	种植花卉、草坪的意义； 花卉园艺工的工作内容	4	

附表 6　初级花卉园艺工技能要求

项　目	鉴定范围	鉴定内容	鉴定比重	备　注
技能要求			100	
初级操作技能	1. 园艺设施的使用与维护	大棚、温室等设施的使用及维护	5	根据考试要求确定的时间和有关条件，确定具体的鉴定内容，能按技术要求按时完成者得满分。
	2. 栽培技术	土壤耕翻、整地作畦； 培养土的配制与土壤的消毒； 花卉的简易繁殖； 常见花卉及草坪的整形、修剪； 花卉上盆、换盆和翻盆； 种子（种球等）的采收、处理及贮藏； 常见病虫害防治； 农药使用； 肥料使用	90	
工具设备的使用和维护	常用工具、器具的使用和维护	整地、修剪等工具的使用及维护； 常用机具的使用	5	
安全及其他	安全生产	合理安全使用农药； 合理安全使用机具和电气设备		

中级花卉园艺工鉴定规范

一、适用对象

在切花、盆花生产基地和园林、城市园林、公园、自然保护区、园艺场、盆景园、企事业单位、花圃、花木公司、花店、花卉良种繁育基地等从事花卉栽培、花卉经营（包括种子经营）、花卉育苗、良种繁育等生产、科研辅助人员。

二、申报条件

1. 文化程度：初中毕业。
2. 持有初级技术等级证书一年以上者。
3. 应届中等职业学校或以上毕业者可直接申报。
4. 身体状况：健康。

三、考生与考评员比例

1. 理论知识考评：20∶1。
2. 实际操作考评：8∶1。

四、鉴定方式

1. 理论知识：笔试，120 分钟，满分为 100 分，60 分及格。
2. 操作技能：按实际需要确定，时间不超过 4 小时，满分为 100 分，60 分及格。

五、鉴定场地和设备

按考评要求确定。

鉴定内容包括知识要求（附表 7）和技能要求（附表 8）。

附表 7　中级花卉园艺工知识要求

项　目	鉴定范围	鉴定内容	鉴定比重	备　注
知识要求			100	
基本知识	1. 植物及植物生理	植物器官、组织及其功能； 植物生育规律； 温度、光照、水分、肥料、气体等因子对植物生育的影响	8	
	2. 土壤与肥料	当地土壤的性质及改良方法； 常用肥料的性质及使用方法； 植物营养知识及营养液的配制、调节	9	
	3. 植物保护	病虫害基本知识； 本地主要病、虫、杂草种类及防治； 常用农药的性能及使用方法	8	
专业知识	1. 花圃、园林土壤的耕翻、整理及改良	园艺植物对土壤的要求； 无土栽培知识	10	
	2. 花卉的分类与识别	花卉分类基本知识； 当地常见的 180 种花卉植物	10	

续表

项　目	鉴定范围	鉴定内容	鉴定比重	备　注
专业知识	3. 花卉的繁育技术	育种的一般常识； 国内外引种的一般程序； 花卉繁育的常用方法	10	
	4. 花卉的栽培方式及栽培技术	盆花的盆栽技术及肥水管理； 切花生产技术及肥水管理； 其他观赏植物的管理技术； 花卉的促成、延缓栽培技术； 花卉及草坪先进生产工艺流程	20	
	5. 花卉产品应用形式及养护	盆花的陈设及养护； 切花的采收、保鲜及应用； 一般花坛的设计及布置； 草坪修剪及养护	10	
相关知识	1. 相关法规	国家有关发展花卉业的产业政策； 《进出境动植物检疫法》中花卉进出口有关的内容	5	
	2. 园艺材料	覆盖材料的特点和选用； 生产用盆钵的种类及特点	5	
	3. 工作能力	具有一定的工作组织能力； 建立田间档案； 指导初级工进行生产作业	5	

附表 8　中级花卉园艺工技能要求

项　目	鉴定范围	鉴定内容	鉴定比重	备　注
技能要求			100	
中级操作技能	1. 园艺设施的选型、利用与维护	装配和维护一般园艺设施； 调整园艺设施内环境因子	20	根据考试要求确定的时间和有关条件，确定具体的鉴定内容，能按技术要求按时完成者得满分
	2. 栽培技术	花卉种植和控制花期的栽培； 花卉良种繁育； 各种花卉及草坪的修剪和整形； 根据花卉生长发育状况进行合理肥水； 管理和病虫害防治等	45	
	3. 设计和制作	一般花坛的设计和施工； 制作花篮、花束； 会场的花卉布置	25	
工具设备的使用和维护	常用园艺器具的使用、维修和保养	花卉园艺常用器具的使用； 园艺工具的一般排故、维修和保养； 草坪机械的使用和保护	10	
安全及其他	安全文明操作	严格执行国家有关产业政策； 文明作业、消除事故隐患		

高级花卉园艺工鉴定规范

一、适用对象

在切花、盆花生产基地和园林、城市园林、公园、自然保护区、园艺场、盆景园、企事业单位、花圃、花木公司、花店、花卉良种繁育基地等从事花卉栽培、花卉经营（包括种子经营）、花卉育苗、良种繁育等生产、科研辅助人员。

二、申报条件

1. 文化程度：高中毕业或中等职业学校毕业。
2. 持有中级技术等级证书两年以上者。
3. 身体状况：健康。

三、考生与考评员比例

1. 理论知识考评：20∶1。
2. 实际操作考评：5∶1。

四、鉴定方式

1. 理论知识：笔试，120 分钟，满分为 100 分，60 分及格。
2. 操作技能：按实际需要确定，时间不超过 4 小时，满分为 100 分，60 分及格。

五、鉴定场地和设备

按考评要求确定。

鉴定内容包括知识要求（附表 9）和技能要求（附表 10）。

附表 9　高级花卉园艺工知识要求

项　目	鉴定范围	鉴定内容	鉴定比重	备　注
知识要求			100	
基本知识	1. 植物生理	植物代谢规律及其应用； 植物激素机理及其应用； 植物生态学的基本知识	8	
	2. 土壤与肥料	本地区土壤种类、土壤肥力因素对花卉生产的影响； 花卉新型肥料的作用机理及其使用方法	6	
	3. 植物保护	病虫害的发生、发展的一般规律及其防治方法； 新农药的选择和试用	6	

续表

项 目	鉴定范围	鉴定内容	鉴定比重	备 注
基本知识	4. 气象知识	本地区主要气象因子的变化规律； 灾害性天气预防措施	5	
专业知识	1. 土壤改良	保护地土壤盐渍化的防治； 贫瘠土壤的改良	10	
	2. 花卉的分类与识别	常见的250种花卉植物； 主要花卉的目、科、属； 花卉标本制作的常用方法	10	
	3. 良种繁育	遗传常识及常规育种方法； 组织培养； 花卉引种驯化及良种繁殖的基础知识	12	
	4. 花卉的栽培技术	花卉的促成、延缓栽培原理； 中、小型花圃，育苗场建立的技术要求； 盆景制作的基础知识； 花卉病虫害论断的综合防治的基本知识	20	
	5. 花卉产品应用	艺术插花知识； 盆花室内装饰和养护知识； 花卉室外造景知识	13	
相关知识	1. 机具、肥料、农药	国内外花卉生产常用设备、机具、生产资料的作用等知识	4	
	2. 植物检疫	植物检疫条例； 植物检疫基本知识	3	
	3. 其他	国内外花卉商品信息； 花文化知识； 具有发现、分析、解决问题的能力； 具有指导初、中级工的能力	3	

附表 10　高级花卉园艺工技能要求

项　目	鉴定范围	鉴定内容	鉴定比重	备　注
技能要求			100	
高级操作技能	1. 栽培技术	花期促控； 树木、花卉整套修剪和造型； 花卉无土栽培； 花卉病虫害诊断及防治	45	根据考试要求确定的时间和有关条件，确定具体的鉴定内容能按技术要求按时完成者得满分
	2. 育种技术	花卉常规育种和杂交育种； 新品种引种及试种； 花卉组织培养	35	
	3. 产品应用	艺术插花； 按室内装饰和室外造景设计要求进行布置和施工	15	
工具使用	工具使用和维修	花卉生产机具和设备、设施的使用及维护	5	
安全及其他	安全文明操作	严格执行国家有关产业政策； 文明作业、消除事故隐患		

第三部分　花卉园艺工培训计划及操作技能培训大纲

花卉园艺工培训计划（初级）

一、说　明

本计划是根据上海市劳动和社会保障局于 2000 年颁布的《花卉园艺工的技术等级标准》《花卉园艺工的鉴定规范》编写的。

二、培训目标

了解花卉园艺工的工作和特点，熟悉本工种的基础理论知识，掌握花卉栽培的基本技能，通过初级专业理论学习和实际操作技能的培训，达到花卉的园艺工初级工水平。

三、课程设置与课时分配

要求学员具有初中文化程度。根据本工种实际情况设置：“园艺通论”和“花卉栽培技术”两门课程，以及“操作技能项目训练”课程。各课程的课时分配见附表 11。

附表 11　课程设置与课时分配表

序　号	课程设置	课　时
1	园艺通论	35
2	花卉栽培技术	65
3	操作技能项目训练	150
总课时		250

操作技能项目训练培训大纲（初级）

一、辅导要求

通过操作技能项目的辅导，使学员在已掌握的操作技能的基础上，进一步使操作规范化，能学会识别各种常见花卉和各种常用工具和设备，能结合环境因素，学会养护管理，能掌握播种、扦插育苗方法。

二、辅导课时安排（附表 12）

附表 12　辅导课时安排表

序　号	辅导内容	课　时
1	育苗技术	64
2	栽培技术	40
3	花卉产品的应用	16
4	园艺机械的使用与维护	24
5	机　动	6
总课时		150

三、辅导内容

（一）育苗技术

1. 育苗方式：大田育苗、苗床的制作。

2. 种子育苗：种子检验、种子处理、播种方式。

3. 播种苗管理：温度、光照、水分、肥料、气体的调控和病虫草的防治。

4. 分株育苗：分割、切蘖。

5. 压条育苗：选枝、堆土、空中压条。

6. 扦插育苗：硬枝、软枝扦插，扦条的采集和制作，扦条的贮藏，扦插的方法，激素处理。

7. 扦插苗管理：与播种苗管理基本相同，增加剥芽、摘叶措施。

（二）栽培技术

1. 土壤耕翻、作畦。
2. 培养土的制作。
3. 花卉的移栽定植。
4. 盆花的上盆、换盆和翻盆。
5. 花卉的整形与修剪：抹芽、剥蕾、摘心等。
6. 农药使用方法：喷雾、喷粉、烟熏。
7. 常见花卉的肥水管理。
8. 花卉的采收：切花采收、草花种子采收。

（三）花卉产品的应用

1. 花束与花篮的制作。
2. 小型花坛的布置。
3. 微型盆景的制作：六月雪型、人参榕盆景的制作。

（四）园艺机械的使用与维护

1. 荫棚的架设。
2. 滴灌与喷灌的使用与维护。
3. 常用园艺工具的使用和维护：整地、浇水、修剪等常用工具。
4. 常用园艺机械的使用和维护：割草机、植保机械、水泵等常用机械。

四、说　明

1. 本工种因受气候和环境因素的制约，安排辅导训练应注意灵活性与机动性，并根据学员的原有基础而有所侧重。

2. 对于过程性较长的操作技能训练，可采用演示或分阶段完成。

花卉园艺工培训计划（中级）

一、说　明

本计划是根据上海市劳动和社会保障局于2000年颁布的《花卉园艺工的技术等级标准》《花卉园艺工的鉴定规范》编写的。

二、培训目标

通过中级专业理论学习和实际操作技能的培训，使学员了解花卉良种选育知识，熟悉花卉生长发育、生态环境、限制因子，掌握花卉栽培、养护管理及促成栽培的技术，达到独立操作的水平。

三、课程设置与课时分配

要求学员具有初中文化程度。根据本工种实际情况设置："园艺通论"和"花卉栽培技术"两门课程，以及"操作技能项目训练"课程。各课程的课时分配见附表 13。

附表 13　课程设置与课时分配表

序　号	课程设置	课　时
1	园艺通论	60
2	花卉栽培技术	115
3	操作技能项目训练	175
总课时		350

操作技能项目训练培训大纲（中级）

一、辅导要求

通过操作技能项目的辅导，使学员在掌握初级工的操作技能的基础上，进一步提高操作水平，能掌握嫁接育苗、整形修剪、促成栽培等技术，并能指导初级花卉园艺工的操作技能训练。

二、辅导课时安排（附表 14）

附表 14　辅导课时安排表

序　号	辅导内容	课　时
1	育苗技术	48
2	栽培技术	56
3	花卉产品的应用	34
4	园艺机械的使用与维护	34
5	机　动	3
总课时		175

三、辅导内容

（一）育苗技术

1. 冷床、温床育苗：温床发酵材料的填放。

2. 嫁接育苗：砧木、接穗的选择，嫁接刀的使用，芽接、切接、劈接、平接等主要嫁接方法的操作。

3. 球根育苗：球根的选择、贮藏，球根育苗的管理。

4. 嫁接育苗管理：成活率检查，松绑与支柱，砧木上萌芽、萌蘖的剔除，适时摘心，其余与播种苗管理相同。

（二）栽培技术

1. 培养土壤的配制和消毒。
2. 土壤 pH 与 EC 值的测定。
3. 温室土壤的改良。
4. 观赏植物的整形修剪。
5. 病虫害的田间调查与防治。
6. 花卉的促成和延缓栽培：灯光处理。
7. 花卉长势长相的诊断。
8. 花卉的保鲜。
9. 花卉种子的收集、贮藏。

（三）花卉产品的应用

1. 礼仪用花的制作：台花、胸花等。
2. 小型花坛的设计。
3. 花木盆景的造型：五针松。
4. 花卉居室装饰与设计。

（四）园艺机械的使用与维护

1. 联合六型塑料大棚的装配、使用和维护。
2. 电加温线的设置、使用和维护。
3. 园艺机械使用与维护：耕耘机、播种机、整形修剪机的使用。

四、说　明

1. 本工种因受气候和环境因素的制约，安排辅导训练可因地制宜，不受现有顺序的限制。
2. 操作技能辅导训练可采用多种方式，但必须强调动手操作与实践。

花卉园艺工培训计划（高级）

一、说　明

本计划是根据上海市劳动和社会保障局于 2000 年颁布的《花卉园艺工的技术等级标准》《花卉园艺工的鉴定规范》编写的。

二、培训目标

通过高级专业理论学习和实际操作技能的培训，使学员了解国内外花卉生产的信息，熟悉本地区主要花卉的生长发育特性和栽培要点，掌握促成栽培的整套技术，有组织和管理生

产能力，培养和指导初、中级花卉园艺工的能力。

三、课程设置与课时分配

要求学员具有高中文化程度。根据本工种实际情况设置："园艺通论"和"花卉栽培技术"两门课程，以及"操作技能项目训练"课程。各课程的课时分配见附表15。

附表15　课程设置与课时分配表

序　号	课程设置	课　时
1	园艺通论	90
2	花卉栽培技术	160
3	操作技能项目训练	200
总课时		450

操作技能项目训练培训大纲（高级）

一、辅导要求

通过操作技能项目的辅导，使学员在掌握中级工的操作技能的基础上，进一步提高操作水平，能熟练地解决育苗与生产中的疑难问题，能掌握一般引种、育种的方法，并能指导中级工的操作技能训练。

二、辅导课时安排（附表16）

附表16　辅导课时安排表

序　号	辅导内容	课　时
1	育苗技术	55
2	栽培技术	55
3	花卉产品的应用	44
4	园艺机械的使用与维护	34
5	机　动	12
总课时		200

三、辅导内容

（一）育苗技术

1. 杂交育种技术：亲本选择，去雄授粉，套袋，种子采集。
2. 组织培养：培养基配制、接种、炼苗。
3. 引种与驯化：引种驯化方案的设计。

4. 温室育苗：工厂化育苗的生产流程和调控。

（二）栽培技术

1. 土壤的消毒。
2. 观赏植物的造型。
3. 花卉的介质栽培和无土栽培：介质土的配制、营养土的配制。
4. 花卉的促成和延缓栽培：激素处理、温度处理。
5. 苗木出圃：苗木出圃、包扎、定植。
6. 田间试验方法：试验设计、资料积累、结果分析。

（三）花卉产品的应用

1. 艺术插花的基本技艺。
2. 山石盆景的制作。
3. 会场的设计与布置。
4. 庭园的设计与布置。

（四）园艺机械的使用与维护

1. 温室内温、光、水、肥、气等装置的使用与简单维护。
2. 温室育苗：床土加工、精量播种、催芽、育苗等机械的使用与简单故障的排除。
3. 机械设施的保养和检修。

四、说　明

1. 本工种因受气候和环境因素的制约，安排辅导训练可因地制宜，不受现有顺序的限制。
2. 操作技能辅导训练可采用多种方式，包括调查研究、田间试验等。

参 考 文 献

[1] 曹春英. 花卉栽培[M]. 2版. 北京：中国农业出版社，2010.

[2] 陈俊愉，程绪珂. 中国花经[M]. 上海：上海文化出版社，1990.

[3] 徐晔春. 观花植物1000种经典图鉴[M]. 长春：吉林科学技术出版社，2011.